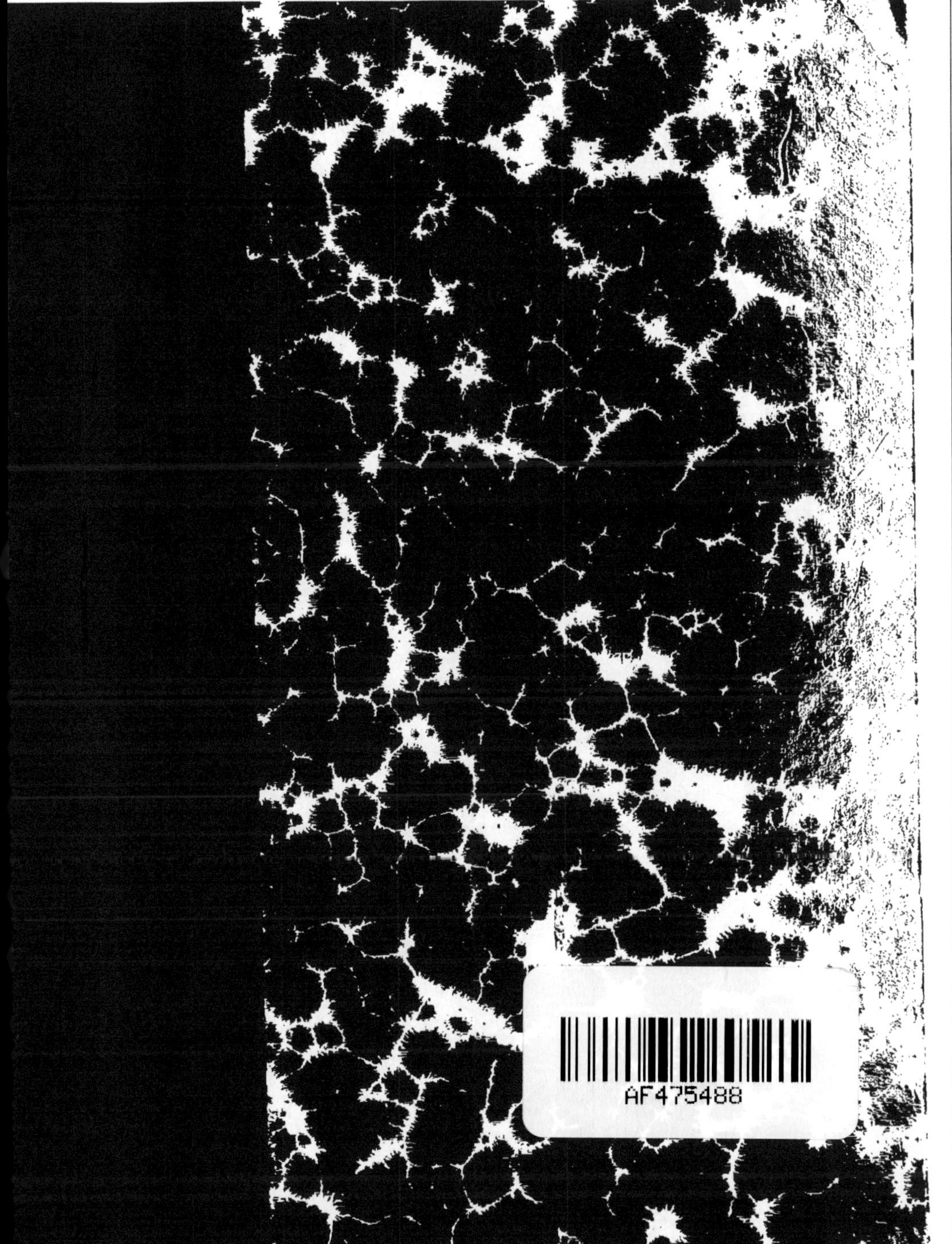
AF475488

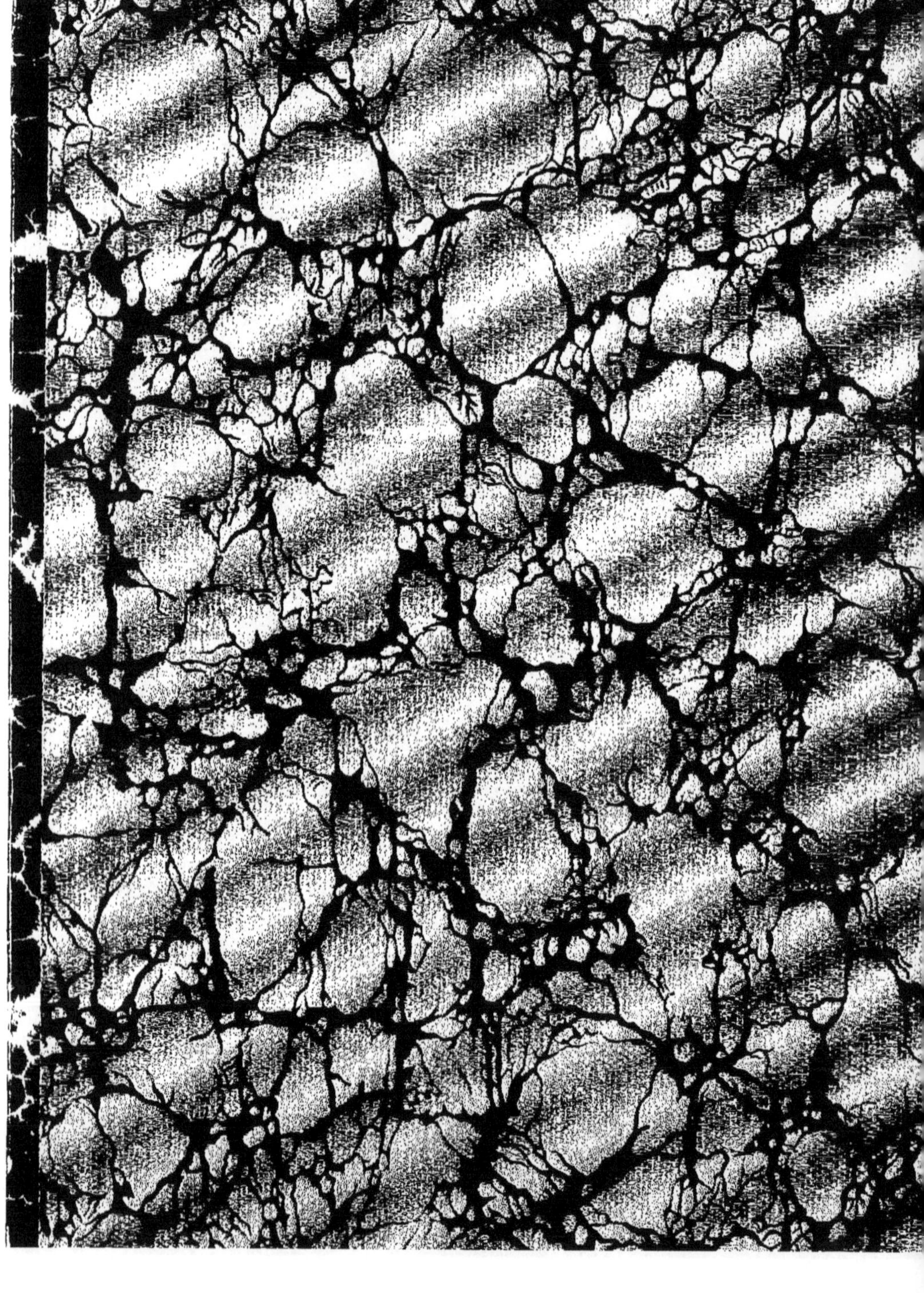

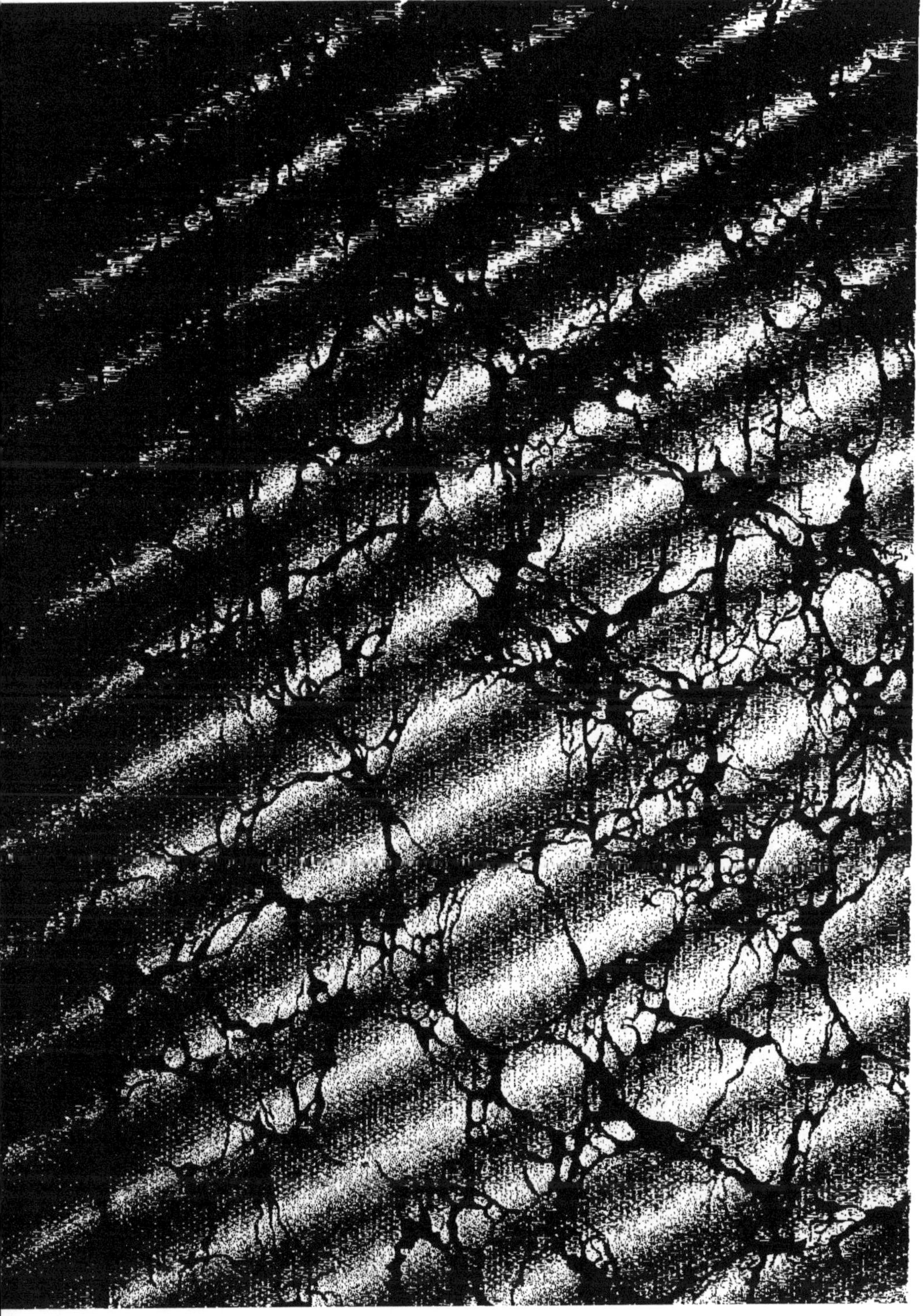

ÉTUDES ÉCONOMIQUES

SUR L'EXPLOITATION

DES

CHEMINS DE FER

ÉTUDES ÉCONOMIQUES

SUR

L'EXPLOITATION

DES

CHEMINS DE FER

PAR

JULES DE LA GOURNERIE

Membre de l'Institut (Académie des Sciences), Inspecteur général
des Ponts et Chaussées en retraite

PARIS

GAUTHIER-VILLARS, IMPRIMEUR-LIBRAIRE

DU BUREAU DES LONGITUDES, DE L'ÉCOLE POLYTECHNIQUE,

DES COMPTES RENDUS DE L'ACADÉMIE DES SCIENCES

Quai des Augustins, 55.

1880

AVERTISSEMENT

Je présente au public, après les avoir revus, quatre articles que j'ai publiés à l'occasion de discussions dans le Conseil général de la Loire-Inférieure, auquel j'ai appartenu de 1874 à 1880. J'examine dans ces écrits presque toutes les questions de principe qui, pour l'exploitation des chemins de fer, préoccupent l'opinion publique.

Un paragraphe est consacré à une étude sur des tracés proposés pour une ligne spéciale ; mais il ne s'agit pas des intérêts de localités rivales : ce sont deux doctrines économiques qui sont en présence.

J'ai joint au premier article des additions sous forme de notes ; le quatrième a reçu des développements de quelque étendue. Au commencement de chacun d'eux, j'indique le recueil dans lequel il a déjà été publié.

Paris, 3 mai 1880.

PREMIÈRE PARTIE

COUP D'ŒIL
SUR L'EXPLOITATION
DES
CHEMINS DE FER FRANÇAIS

COUP D'ŒIL SUR L'EXPLOITATION

DES

CHEMINS DE FER FRANÇAIS [1]

La question de l'exploitation des chemins de fer préoccupe en ce moment l'attention publique. Dans certaines localités, le mécontentement contre les principales Compagnies augmente chaque jour et est arrivé à un degré qui constitue une situation grave. Je me propose d'examiner les points qui soulèvent le plus de réclamations.

Considérations générales sur l'exploitation en France.

Tarifs. — On doit régler les tarifs de chemins de fer de manière que les recettes soient maintenues à un niveau suffisamment élevé et que de grandes facilités soient données au commerce. Les recettes sont évidemment la base de tout le système économique d'un réseau ; si, par suite de fausses mesures, elles faiblissaient dans une certaine proportion, on se trouverait en présence des plus

(1) Publié dans la *Revue de Bretagne et de Vendée*, livraisons de juin et de juillet 1877.

sérieuses difficultés. L'intérêt du public et celui de la Compagnie concessionnaire repoussent les réductions exagérées. Du reste, ces intérêts s'accordent quand la concession est à long terme, la prospérité de la Compagnie étant alors intimement liée à celle de la région qu'elle dessert.

Les marchandises se présentent en plus grande quantité à un chemin de fer quand les prix de transport ont été abaissés; mais, sous ce rapport, elles offrent entre elles de grandes différences. Un rabais qui produit une augmentation considérable dans le tonnage de quelques-unes, n'exerce sur d'autres qu'un effet peu appréciable. Pour les premières, le tarif doit être réduit d'une manière notable; la Compagnie obtient ainsi un développement sérieux dans son trafic, et l'industrie un aliment à son activité. Quant à celles qui ne sont l'objet que d'un commerce limité, un abaissement dans le prix de leur transport serait préjudiciable à la Compagnie et presque indifférent au public.

Dès l'origine des chemins de fer, on a été conduit à examiner, pour chaque nature de marchandise, l'extension dont son commerce est susceptible, et l'on a établi approximativement le prix de transport auquel correspond la plus grande recette nette. Je crois que, dans bien des cas, le tarif a été abaissé au-dessous de ce chiffre.

Il a été constaté, à cette époque, que la diminution du prix pour les voyageurs n'en augmentait sensiblement le nombre que dans la banlieue des grandes villes, ou lorsqu'elle correspondait à un motif spécial de déplacement, comme des fêtes, une exposition, un congrès, etc.

Dans ces cas particuliers, les Compagnies font des rabais considérables, mais elles perçoivent à peu près les prix du tarif légal pour les voyages ordinaires, et je crois qu'il ne s'élève de ce chef que peu de réclamations.

Après ce principe, qui concerne *l'extension dont un trafic est susceptible*, il y en a un second, relatif à la *concurrence des autres voies de communication*. Un chemin de fer est obligé de baisser ses tarifs quand il doit lutter avec la navigation, mais il peut les tenir plus élevés et rendre encore de grands services dans les pays qui n'avaient que des routes. Ces inégalités sont favorables au public, parce qu'elles assurent des recettes dans les différentes circonstances où se trouvent les chemins de fer. L'adoption d'un tarif uniforme ne permettrait d'ouvrir de nouvelles lignes que dans les pays auxquels ce tarif conviendrait, eu égard à l'état de l'agriculture, de l'industrie et des communications (1).

Les divers genres de commerce pouvant, selon leur nature, prendre des développements inégaux, et notre territoire se trouvant pour la facilité des transports et pour l'activité industrielle dans des conditions différentes, l'application des deux principes que je viens d'indiquer a conduit à une grande variété dans les prix. Je suis loin de penser que toutes les appréciations ont été également

(1) Je précise : si l'on fixe pour certains produits de l'agriculture un tarif moyen qui serait, par exemple, de 0fr,06 par tonne et par kilomètre, on ne pourra construire un chemin de fer dans un pays pauvre ou d'un accès difficile, car les recettes seraient insignifiantes, eu égard au capital employé: les habitants déclareront en vain qu'ils manquent de débouchés et qu'un chemin de fer avec un tarif de 0fr,10 ou 0fr,12 serait pour eux un bienfait. — Dans un pays riche et sillonné de canaux, un chemin de fer exigeant 0fr,06 ne pourrait lutter avec la batellerie. On ne le construira pas.

judicieuses, mais je sais que les tarifs actuels résultent d'études sérieuses, et je tiens pour certain qu'il serait difficile de leur faire des modifications de quelque importance, sans diminuer sensiblement les recettes ou les services que les chemins de fer rendent au pays (1).

Principes adoptés en France et résultats obtenus. — Rappelons maintenant les principes qui ont présidé en France à l'organisation de l'industrie des chemins de fer. On a partagé le territoire en régions commerciales un peu d'après les circonstances, et d'une manière qui pourrait prêter à la critique, si elle avait été dès le commencement l'objet d'une étude d'ensemble. Chaque région est desservie par une Compagnie, et l'on y a établi un réseau divisé en deux parties, avec la combinaison du déversoir qui reporte les recettes réalisées dans les contrées riches sur les pays d'une moindre activité industrielle, pour y faire pénétrer les chemins de fer. Lorsque, par la nature des choses, un même trafic a dû être partagé entre deux Compagnies, on a veillé à ce que des services communs fussent établis d'après des bases équitables, ce qui, eu égard à la délimitation des régions, a été généralement facile. Enfin, les Compagnies, surveillées et conseillées, ont pu, avec une certaine liberté d'action, chercher à tirer parti des avantages considérables qui leur étaient accordés.

(1) M. Christophle a déclaré, dans son discours du 20 mars 1877, que, d'après les calculs faits au ministère des travaux publics, l'unification des tarifs amènerait une perte de 125 millions de recettes brutes. J'ignore quelles sont les bases de ce calcul.

Il est facile de constater d'une manière générale les résultats obtenus.

Nous avons commencé à faire des chemins de fer après plusieurs des peuples de l'Europe. Dès 1840, des trains rapides parcouraient l'Angleterre et la Belgique dans toutes les directions principales, et nous n'avons engagé d'une manière sérieuse les travaux de construction qu'après 1842 (¹). Dans les trente années qui ont suivi, nous avons eu plusieurs révolutions, des crises politiques de tous genres, des guerres nombreuses, des armements maritimes très dispendieux, une effroyable catastrophe. Moins éprouvés, les peuples, nos voisins, ont continué d'une manière généralement paisible leur carrière industrielle. Nous avons dû payer à l'un d'eux une énorme rançon en territoire et en argent; puis, quand la liquidation a été faite, il s'est trouvé que, sous le rapport de la richesse, la France était à un niveau relatif au moins aussi élevé qu'en 1842; le commerce et l'industrie reprenaient leur activité, la propriété conservait sa valeur, les impôts facilement payés donnaient une base solide à un budget que l'on avait cru démesurément étendu, et la France, à l'étonnement de l'Europe, consacrait des sommes considérables à sa réorganisation militaire, tandis que Paris, relevant ses ruines, se préparait à poursuivre l'exécution des projets grandioses qui avaient commencé sa transformation. Des résultats aussi extraordinaires montrent que,

(¹) A la fin de 1841, nous n'avions sur tout notre territoire que 566^{km} de chemins de fer en exploitation; l'Angleterre en comptait 2521; la Prusse et les États de l'Allemagne, 627; la Belgique, 378; l'Autriche, 747; les États-Unis d'Amérique, 5800. Nous étions encore plus en retard sous le rapport des lignes en construction.

pendant ces trente années, les arts de la paix ont été cultivés plus fructueusement dans notre pays que chez les peuples qui nous entourent. Or, le grand fait industriel de cette période est l'établissement des chemins de fer, opération dans laquelle nous avons adopté une marche différente de celle qui a été suivie exclusivement en Angleterre, et plus ou moins chez les autres peuples. Je ne vois pas d'autre question considérable dans laquelle nous ayons suivi une direction qui nous soit propre. Nos chemins de fer, par l'importance des capitaux qu'ils ont utilement employés, par l'essor qu'ils ont donné à l'agriculture et à l'industrie, dans toutes les parties de la France, à l'aide de tarifs judicieusement et progressivement abaissés, ont eu *dès l'origine* les plus heureuses conséquences pour la fortune publique. Bien loin d'obtenir immédiatement un résultat analogue, l'Angleterre s'est trouvée pendant près de dix ans engagée dans des difficultés financières qui, sans l'étendue incomparable de ses ressources, auraient pu avoir les plus graves conséquences pour sa prospérité. « Les Anglais, dit M. Paul Boiteau, ont sacrifié des capitaux immenses, comme ils le pouvaient seuls, pour jouir du bénéfice de la liberté et de la concurrence des voies ferrées. Le sacrifice a été vain. Par la force des choses, on ne saurait trop le répéter, la lutte des lignes, après avoir coûté bien cher et sans avoir procuré au commerce et à l'industrie un bon marché de longue durée dans les transports, n'a abouti qu'à l'établissement d'un monopole sans frein au profit des Compagnies victorieuses de leurs rivales. »

Les résultats ont été les mêmes aux États-Unis. Dans

ces deux pays, des sommes énormes ont été dévorées par la concurrence (¹).

Jusqu'à ces derniers temps, l'importance des résultats obtenus en France n'avait pas été sérieusement contestée. L'Assemblée nationale réunie après nos désastres a eu trois fois à se prononcer sur la constitution du réseau français, et toujours elle a approuvé le système dans son ensemble. Dans un rapport fait le 12 décembre 1873, M. de Montgolfier déclarait « que l'œuvre de la constitution du réseau national a été sagement conçue, sagement exécutée, et qu'elle fait grand honneur à ceux qui l'ont inspirée et conduite. » Le regretté M. Cézanne disait, dans un rapport en date du 3 février 1870 : « La marche suivie dans le passé a présenté des avantages assez considérables pour faire accepter quelques inconvénients...... Si l'on s'en était tenu au régime du *laissez-faire*, qu'on réclame aujourd'hui, on aurait peut-être, il est vrai,

(¹) Dans sa déposition à une enquête parlementaire dont je parlerai plus loin, le secrétaire de l'Association des maîtres de forges du sud du Staffordshire évalue à 100 millions sterling le capital dévoré par la concurrence. Les Anglais auraient dépensé 2 milliards et demi au delà de ce qui était nécessaire pour obtenir les facilités dont ils jouissent. Cette évaluation a été adoptée par quelques publicistes.

Une note, écrite le 1er mars 1876 par M. de Franqueville, contient les renseignements suivants sur les chemins de fer en faillite aux États-Unis :

Le nombre des Compagnies tombées en faillite au 31 janvier 1876 s'élevait à 125.

Leur passif en obligations seulement était de.	4 155 028 624fr
Sur ce chiffre, il a été fourni par les Américains.	2 824 728 624
Par les étrangers.	1 330 300 000

Ce calcul néglige le capital-actions entièrement perdu, ainsi que les augmentations passagères attribuées aux obligations par les spéculateurs ou leurs dupes. (*M. de Franqueville, sa vie, ses travaux*, par M. F. Jacqmin.)

Ce renseignement aura de l'importance près des personnes qui savent avec quel soin M. de Franqueville recueillait des informations sur les chemins de fer étrangers.

trois lignes se partageant le trafic de Paris à Marseille, mais qui donc aurait construit ces 2800^{km} de lignes improductives sur lesquelles la ligne actuelle de Paris à Marseille déverse annuellement un tribut de 50 millions? »

Enfin, dans un rapport déposé le 13 juin 1874, M. Krantz, qui dans diverses circonstances s'est montré bien sévère pour les principales Compagnies, déclare, au nom de la grande majorité d'une commission, que la constitution actuelle des Sociétés de chemins de fer assure au pays des avantages réels, et que la concurrence qu'on réclame présenterait de graves inconvénients et aboutirait à de grands mécomptes ([1]).

La nouvelle Chambre ne s'est pas prononcée d'une manière aussi formelle, mais, en adoptant l'amendement de M. Allain-Targé, elle a montré qu'elle voulait compléter notre réseau d'après les principes qui ont présidé à son établissement.

L'organisation de nos Compagnies a été très remarquée à l'étranger. Dans différents pays, on a cherché à s'assurer le concours des personnes qui y jouaient un rôle considérable, et à imiter le système.

Objection de la moindre longueur des lignes du réseau par rapport à l'étendue du territoire et à la population. — L'Angleterre et les pays qui ont adopté plus ou moins complètement sa manière d'agir pour les chemins de fer, ont, en général, un plus grand développement de lignes que nous, tant pour une même étendue de terri-

([1]) Voir le Mémoire publié par M. Aucoc dans la *Revue de législation*, en 1874, § III.

toire que pour une même population. A l'aide de ce rapprochement, on cherche à établir que nous sommes dans une position d'infériorité.

Lorsqu'un jury d'agriculture veut apprécier une irrigation, il ne se contente pas de comparer la longueur des rigoles à l'étendue du domaine; il constate tout d'abord les produits obtenus, parce que le problème est d'avoir des récoltes et non pas de faire des rigoles. Il examine ensuite comment les ouvrages sont établis eu égard à la quantité d'eau dont on dispose, à la forme du terrain et à la nature des cultures.

Les différents chemins de fer qui desservent une région doivent être tracés d'après un plan d'ensemble et construits avec les limites de déclivité et de courbure qui conviennent à leurs divers rôles. Un réseau est une œuvre d'art comme une irrigation, et l'on doit mesurer son importance par les richesses qu'il produit et non par la longueur totale des chemins qui le composent.

Il est tout naturel qu'un ensemble de lignes construites par des Compagnies concurrentes présente un plus grand développement qu'un réseau établi pour être exploité avec unité. L'excès de longueur auquel conduit le premier système est un vice et non pas un indice de supériorité.

L'étendue des lignes ne doit même pas être prise pour mesure de l'utilité, lorsque l'on a opéré d'après les mêmes principes pour le fonctionnement des Compagnies, parce qu'un territoire peut être desservi de manières très inégales par des réseaux ayant le même développement (A)[1],

[1] Les notes dont les renvois sont indiqués par des lettres se trouvent à la fin de la première Partie. — Consulter la Table.

et parce qu'il y a un degré d'extension auquel correspond le maximum d'utilité dans l'état de l'industrie et des capitaux.

La longueur est regardée par quelques personnes comme le seul élément d'un chemin de fer qu'il y ait à considérer. On dit les prix kilométriques auxquels les diverses Sociétés ont construit des chemins sans s'inquiéter de faire connaître s'ils sont à simple ou à double voie (1), quels sont les rayons des courbes et les limites des déclivités, si les gares ont été établies en vue d'un grand trafic (2), si les difficultés locales étaient considérables, et comment elles ont été surmontées. Des raisonnements fondés sur de semblables appréciations conduisent souvent à des conclusions peu exactes. On a parfaitement raison de faire dans beaucoup de cas des chemins à bon marché, mais il est impossible de comparer, sous le rapport de la dépense d'établissement, les grandes artères dont les recettes dépassent 200 000fr par kilomètre, et les lignes qui n'ont qu'un trafic insignifiant, et auxquelles on devrait tout d'abord apporter de profondes modifications, si l'on voulait diriger sur elles des transports de quelque importance (3).

(1) Certains chemins sont établis à une voie d'une manière définitive; sur d'autres, toutes les mesures ont été prises pour le placement ultérieur d'une seconde voie. Il y a une foule de distinctions à faire.

(2) Les dépenses pour les gares sont énormes sur les lignes importantes et presque nulles sur celles d'un faible trafic. Dans la séance de l'Assemblée du 27 juin 1875, M. Caillaux, alors ministre, a présenté à ce sujet des rapprochements très intéressants, et signalé sur la comparaison des dépenses kilométriques de chemins d'ordres différents, des confusions étranges qui sont quelquefois la base d'opérations déloyales.

(3) Dans l'Ouest, on cite souvent la ligne de Poitiers à Saumur comme un modèle de construction économique; je ne conteste nullement le mérite des ingénieurs qui l'ont établie, mais elle n'aura qu'une très petite utilité,

Considérations sur le rapport des dépenses aux recettes d'exploitation. — On arrive à des confusions bien plus grandes quand on établit sans précaution des raisonnements sur le rapport des dépenses aux recettes d'exploitation. Toutes choses égales d'ailleurs, la dépense de construction d'un chemin est à peu près proportionnelle à sa longueur; dans l'exploitation, il n'y a de proportionnalité nulle part.

D'après ce mode d'appréciation, si deux Compagnies faisaient la même dépense pour transporter sur des chemins identiques des tonnages égaux et composés des mêmes éléments, l'une en demandant au commerce les prix ordinaires, l'autre ne devant son trafic qu'à des réductions dans le tarif, cette dernière, ayant des recettes plus faibles et des dépenses égales, serait réputée moins habile dans l'exploitation.

Il est facile de faire ressortir ces considérations par des nombres :

Supposons que l'exploitation d'un chemin de fer donne les résultats suivants :

Recettes d'exploitation, par kilomètre......	20000fr
Dépenses — —	12000

On aura :

Recette nette......................	8000
Rapport pour cent des dépenses aux recettes d'exploitation..................	60

tant qu'elle ne sera pas reliée au réseau des chemins construits sur la rive droite de la Loire. Cette jonction est estimée 3500000fr.

Si, par l'établissement de nouveaux trains de voyageurs sur certaines sections, par des abaissements judicieux dans le tarif, et par diverses autres mesures du même genre, la Compagnie parvient à accroître la recette d'exploitation de 4000^{fr} en augmentant les dépenses de 3000^{fr}, les résultats seront :

Recettes d'exploitation, par kilomètre	24000^{fr}
Dépenses — —	15000

Et l'on aura :

Recette nette.	9000
Rapport pour cent des dépenses aux recettes d'exploitation	62,50

L'opération me paraît excellente, tant pour le pays, dont elle développe le trafic, que pour la Compagnie, dont elle augmente les recettes nettes d'un huitième, et cependant elle élève de 60 à 62,50 le rapport de la dépense aux recettes d'exploitation. Certaines personnes diront probablement que la Compagnie administre moins bien, d'autant plus qu'il est généralement admis que, lorsque la recette brute augmente, le rapport dont il est question doit diminuer, si toutes les circonstances de l'exploitation restent les mêmes.

Si l'on adoptait des bases fixes pour régler à forfait et uniquement d'après les recettes les dépenses dont l'Etat doit tenir compte dans l'établissement du montant des garanties, l'avantage que peut souvent présenter aux Compagnies l'abaissement des tarifs serait diminué.

Observations générales sur les conséquences de la disposition des réseaux. — Toutes les questions relatives à l'industrie des chemins de fer dépendent essentiellement de la disposition des réseaux et de la manière dont ils sont exploités. Lorsqu'on néglige ces considérations, les circonstances les plus simples deviennent incompréhensibles.

Les lettres adressées de Saint-Nazaire à Brest et à la Rochelle passent, les premières par le Mans, et les autres par Tours. L'administration des postes peut ainsi les expédier la nuit par des express et les faire arriver plus promptement que si elle les remettait aux trains omnibus qui partent le matin de Nantes dans les directions de Lorient et de la Roche-sur-Yon. Ces trains ne reçoivent que les lettres peu nombreuses déposées après le départ du train-poste du soir.

On dirige souvent les colis de grande vitesse par les mêmes itinéraires que les lettres (1). Les voyageurs pressés préfèrent aussi quelquefois les parcours formés par des express, malgré l'augmentation de dépense qui en résulte ordinairement.

Le trajet de Nantes à Paris est plus rapide et moins dispendieux par le Mans que par Tours; cependant, la présence de coupés dans les trains qui suivent la seconde

(1) Les colis envoyés à grande vitesse de Nantes à Bordeaux sont expédiés, au choix des expéditeurs, par la Rochelle ou par Tours. Le prix est plus élevé dans ce dernier itinéraire, et cependant on le préfère quelquefois.

Lorsque le colis est déposé à la gare de Nantes, après le départ du dernier train des Charentes, c'est-à-dire après 2h, suivant qu'on le dirige par Tours ou par la Rochelle, il arrive le lendemain à Bordeaux à 7h du matin ou à 7h du soir. Le trajet le plus long présente dans ce cas un avantage évident.

direction engage quelques personnes à la prendre (¹). Bien d'autres considérations conduisent, dans diverses circonstances, les voyageurs à s'éloigner de la ligne la plus courte.

Il y a pour les marchandises des circuits de moindre dépense, comme pour les voyageurs des parcours de plus grande vitesse. On trouve souvent un avantage réel à dégager promptement les wagons des lignes de second ordre, pour leur faire suivre des chemins peut-être un peu plus longs, mais d'un meilleur profil, et sur lesquels les changements de direction sont moins nombreux. Lorsque les mailles des réseaux auront été resserrées, le trajet géométriquement le plus court se composera souvent d'une série de petites lignes en lacet.

Quand une compagnie possède toutes les lignes d'une région, elle dirige un même courant de marchandises par des villes différentes, suivant les circonstances. Elle peut ainsi éviter les encombrements, rendre les réparations plus faciles en supprimant les trains facultatifs sur les chemins où des ateliers sont établis, retarder de quelques années l'établissement d'une seconde voie sur une ligne dont la voie simple est déjà chargée d'un assez grand trafic. L'unité dans l'administration donne une foule de facilités, qui se traduisent toujours par une augmentation dans le produit net et permettent d'abaisser les tarifs d'une manière utile et durable.

Détournements qui seraient faits du nouveau réseau sur l'ancien. Opérations irrégulières. — On a parlé de détour-

(¹) Ceci a été écrit en 1877.

nements que certaines Compagnies feraient de leur nouveau réseau qui est garanti à l'ancien qui ne l'est pas, mais on doit remarquer que, le déversoir fonctionnant en même temps que la garantie, toutes les augmentations dans le produit net de l'ancien réseau sont reportées au nouveau et lui appartiennent d'une manière aussi complète que si elles étaient venues directement par les recettes. Un détournement actuel ne pourrait avoir une influence quelconque que s'il accroissait le produit net de l'ancien réseau d'une somme supérieure à celle qui est déversée.

Afin que cet inconvénient ne puisse pas se présenter, on a eu soin de réunir dans un même réseau toutes les lignes qui pouvaient se faire une concurrence sérieuse. Pour la Compagnie d'Orléans, une convention spéciale a été passée, dans ce but, en 1863. Le produit du déversoir de cette Compagnie atteint maintenant onze millions (¹) ; il a beaucoup varié, mais à toute époque il a notablement dépassé la somme que des détournements

(¹) 11 400 000fr en 1875.

Quelques personnes disent que les grandes Compagnies règlent à leur gré leurs comptes avec l'État, et que le contrôle du gouvernement est complètement illusoire. Je renvoie les lecteurs qui voudraient étudier cette question considérable aux Mémoires de MM. Aucoc et de Labry, et notamment à une note très substantielle insérée par ce dernier dans le *Journal des Economistes* (septembre 1876).

Tous les actes des six Compagnies sont surveillés par le service du contrôle. Leurs comptes, tant pour la construction que pour l'exploitation, sont soumis, d'une manière permanente, à des inspecteurs des finances délégués pour ce travail. Leur contrôle s'exerce suivant les règles de la comptabilité publique ; ils déterminent le chiffre des dépenses et la nature des imputations qu'on doit en faire. Les rapports de ces inspecteurs sont transmis à des commissions spéciales composées de hauts fonctionnaires. Chaque commission, présidée par un des vice-présidents du Conseil d'Etat, s'occupe d'une Compagnie. Le règlement annuel est arrêté, sur l'avis de la commis-

auraient pu reporter du nouveau réseau sur l'ancien.

Si les Compagnies accroissaient ainsi leurs bénéfices par des opérations irrégulières, les dividendes augmenteraient avec le développement du réseau. Or, voici les renseignements que fournit à ce sujet M. Christophle, dans son discours du 20 mars 1877 :

En 1859, le Nord touche 65fr,50 ; en 1875, 66fr.

L'Est touche 38fr,75 en 1859 ; en 1875, il touche 33fr, c'est-à-dire que le dividende a diminué.

L'Ouest, en 1859, donne un dividende de 37fr,50 ; en 1875, son dividende est de 35fr.

L'Orléans donne un dividende de 56fr en 1865 ; — je prends cette date de 1865, parce qu'il y a eu alors dédoublement des actions ; aujourd'hui, le dividende est de 56fr.

Le Paris-Lyon-Méditerranée offre, en 1859, un dividende de 63fr,50 ; ce dividende est aujourd'hui de 55fr.

Le ministre ajoute :

Voilà, Messieurs, cette prétendue augmentation du revenu réservé dont les Compagnies, disait-on, s'étaient enrichies ; elle se traduit par une diminution constante depuis 1859.

sion, par une décision ministérielle qui est obligatoire, sauf recours au Conseil d'État.

Ces opérations sont laborieuses et délicates, mais nos habiles inspecteurs des finances n'en sont pas effrayés ; plusieurs d'entre eux ont montré dans leur accomplissement une sagacité qui est très appréciée.

Les fonctionnaires spécialement attachés au contrôle sont rétribués sur des impositions spéciales payées par les Compagnies.

J'ai entendu dire plusieurs fois, mais d'une manière assez vague, que les commissions de comptabilité laissaient figurer dans les dépenses de l'exploitation des frais de divers genres qui ne se rattachent pas directement aux opérations régulières des Compagnies. Je ne peux qu'exprimer le désir que la jurisprudence des commissions soit bien connue et que leurs travaux reçoivent une certaine publicité.

Question de la concurrence.

Ententes et fusions. Détournements de concurrence. — L'expérience montre que, lorsque les chemins établis dans une même région et formant par leur nature un seul réseau appartiennent à des Compagnies différentes, l'unité tend à s'établir par des fusions et des ententes quelquefois spontanées, mais souvent précédées de luttes dans lesquelles on voit se produire tous les effets de la concurrence. Parmi les personnes qui se sont occupées de cette question dans ses détails, quelques-unes ont voulu y introduire des considérations de loyauté (B). Je ne veux pas me placer à ce point de vue. Je doute qu'on trouve, en quelque pays que ce soit, une Compagnie de chemin de fer qui, étant en possession d'un trafic avantageux et pouvant le conserver en partie, le remette volontairement et sans compensation à une nouvelle Société qui aurait ouvert une ligne plus courte (¹). Je n'approuve ni ne blâme; je ne veux pas rechercher quels sont les principes de morale applicables dans la circonstance, et, me bornant à protester de mon respect pour la loyauté commerciale, je restreins

(¹) Dans le nombre des détournements récemment signalés, il y en a qui paraissent peu possibles, et qui doivent faire supposer que des erreurs ont été commises dans la désignation des villes. Comment admettre que la Compagnie de l'Ouest fasse passer par Paris les wagons venant du Havre, de Dieppe, de Fécamp et de Rouen, à destination de Gisors, plutôt que de les diriger sur Serqueux? Comment expliquer qu'on lui conseille de remettre à un chemin de fer partant de Pont-de-l'Arche les marchandises expédiées de Dieppe à Gisors, quand elle possède un chemin direct entre ces deux villes?

mes études aux conditions réelles et pratiques du mouvement industriel [1].

Lorsque la disposition des réseaux permet les détournements de concurrence, on ne peut les empêcher de se produire qu'en adoptant une formule absolue, telle que celle de la ligne la plus courte, ou en donnant à une autorité le droit de fixer les itinéraires. Dans l'une de ces solutions comme dans l'autre, il faut établir des règles précises pour la création de services communs obligatoires, et imposer des tarifs. Des Compagnies soumises à de semblables conditions, et exploitant des lignes situées dans la même région, n'auraient ni indépendance les unes par rapport aux autres, ni liberté dans leur gouvernement intérieur. Elles s'entraveraient sans pouvoir se faire la moindre concurrence. Il me semble qu'en cherchant à concilier deux systèmes contraires, on est arrivé à réunir leurs inconvénients, sans conserver aucun des avantages qui leur sont propres. Je ne crois pas que des combinaisons de cette nature aient jamais été appliquées. On n'invoque en leur faveur aucun succès partiel [2].

Le principe de la ligne la plus courte adopté d'une ma-

[1] Beaucoup de personnes disent que les chemins de fer nantais feront concurrence à l'Orléans pour le trafic de la Roche-sur-Yon à Nantes. J'ignore quelles sont les intentions de la Compagnie nantaise, mais j'ai remarqué que ce projet de concurrence n'était nullement considéré comme déloyal, bien que le chemin de la Roche à Nantes par Machecoul doive être plus long que celui qui existe par Montaigu.

[2] Tout ce que je dis se rapporte à une clause qui serait imposée. Le principe de la ligne la plus courte peut parfaitement être adopté par des Compagnies qui ne veulent pas se faire concurrence, et qui règlent d'ailleurs toutes les conditions essentielles de l'exploitation. Si les lignes étaient établies dans des conditions très différentes, il serait juste de réduire chaque section à une longueur horizontale équivalente sous le rapport de la traction.

nière générale aurait les conséquences les plus graves. Si des considérations d'intérêt local conduisent à établir un chemin de fer d'Étampes à Blois ou de Blois à Châtellerault, le trafic de Paris à Bordeaux et à la Rochelle devra-t-il prendre cette voie, sans que la Compagnie d'Orléans, qui a besoin des produits de sa ligne la plus importante pour diminuer les garanties que l'État lui paie chaque année et les rembourser plus tard, reçoive une compensation? Le gouvernement a plusieurs moyens de rendre les anciens réseaux improductifs. S'il les emploie, il travaillera contre les intérêts de son propre budget, détruira le crédit des Compagnies actuelles, et se mettra dans l'impossibilité d'en constituer de sérieuses.

Ce dernier résultat se produira d'une manière certaine, si l'État prend à l'égard des Compagnies des mesures contraires à l'équité, si, par exemple, il transporte arbitrairement à quelques-unes d'entre elles des trafics auxquels d'autres pouvaient légitimement prétendre.

Fausse appréciation de l'influence des garanties sur les opérations de concurrence. — J'ai entendu dire qu'à l'aide de la garantie une Compagnie peut engager des concurrences dont l'État paie les frais, et dont elle recueille ensuite les bénéfices. Il n'en est rien.

Les garanties sont des avances à 4 0/0 d'intérêt simple. Une opération de concurrence, considérée dans son évolution entière, ne peut être favorable à une Compagnie qu'autant qu'elle rapproche le moment où le remboursement aura été terminé. Or, il est utile à l'État, comme à la Compagnie, que l'on arrive promptement à cette époque, et que l'on entre dans la période du partage des bénéfices. L'antagonisme que l'on suppose n'existe donc pas.

J'examinerai plus loin si, en fait, les prix sont quelquefois relevés après la cessation de la concurrence.

Les avantages accordés à une Compagnie ne sont pas des faveurs, mais la condition expresse sous laquelle elle a accepté différentes charges minutieusement stipulées dans les actes de concession. En dehors de ces engagements spéciaux, elle est soumise en tout aux règles du droit commun.

Relèvement des tarifs, leur complication. — Les tarifs de nos chemins de fer, graduellement et constamment abaissés, sont maintenant, pour les marchandises, inférieurs à ceux des pays qui nous entourent ([1]). Les renseignements détaillés que M. Christophle a donnés, dans son discours du 20 mars 1877, ne laissent aucun doute sur ce point.

Relève-t-on quelquefois ces tarifs? M. Tolain l'a affirmé à diverses reprises, à l'Assemblée; mais M. Caillaux, après avoir pris des informations, lui a répondu, dans la

([1]) Cette assertion a été contestée. Il est bien difficile de trancher la question d'une manière péremptoire dans un sens ou dans l'autre, parce qu'un tarif contient une foule de prix, et que le résultat varie suivant les rapprochements que l'on fait. Les moyennes n'auraient quelque valeur que si les tonnages présentaient à peu près la même composition. Pour pouvoir présenter une conclusion motivée, il serait nécessaire de faire une étude longue et minutieuse que je n'entreprendrai pas.

On peut consulter l'enquête sénatoriale, ou une très intéressante communication faite sur cette enquête, le 26 décembre 1879, à la Société d'encouragement pour l'industrie nationale, par M. le baron Alphonse Baude. (*Bulletin de la Société.*) (Note écrite en 1880.)

séance du 24 mai 1875, que, « sauf des cas tout exceptionnels et sans importance, cette assertion n'était pas fondée. » Le ministre a cité, pour exemple des exceptions, le transport du pétrole, dont on a augmenté le prix quand on l'a entouré de précautions spéciales.

Je lis dans une brochure composée d'articles publiés à la fin de 1876 par la *République française*, qu'à la suite de la fusion du Lille-Valenciennes avec le Nord, des relèvements ont été accomplis, mais M. Christophle a déclaré, dans la discussion du projet de loi relatif aux Charentes, qu'il s'était opposé aux augmentations demandées par le Nord.

La Commission centrale des chemins de fer, toujours consultée, ne donne que très rarement un avis favorable à un relèvement. Elle l'a fait récemment, afin de permettre à l'une de nos grandes Compagnies de retenir un trafic qui profitait des facilités mêmes qui lui étaient accordées pour se diriger vers un autre réseau. Les régions des Compagnies ne sont pas partout délimitées d'une manière satisfaisante au point de vue commercial, et de là résultent diverses difficultés.

En résumé, les relèvements sont des exceptions, et il ne paraît pas qu'on les autorise quand les prix ont été abaissés dans un but de concurrence. Lorsqu'une Compagnie réduit son tarif, elle ne peut pas raisonnablement espérer qu'il lui sera permis de revenir à ses premiers prix.

On a parlé de relèvements par des voies indirectes qui n'exigent pas une homologation. Certaines Compagnies arriveraient à ce résultat, en profitant de diverses facilités dont elles n'usaient pas, mais qu'autorisent les tarifs spéciaux. Je ne sais rien sur cette question, et je ne peux que désirer voir préciser et constater les faits. L'enquête ouverte sur les tarifs donnera une base solide à des discussions qui seraient actuellement prématurées. Elle montrera notamment si la grande variété des prix est une cause sérieuse d'incertitude et de confusion.

Les anomalies, au moins apparentes, qu'un tableau fondé sur tant de considérations délicates présente presque nécessairement, sont un inconvénient réel. Les personnes qui se croient lésées se plaignent amèrement; elles demandent s'il doit être permis à une Compagnie de régler des taxes qui paraissent se rattacher à un service public, sous la simple condition de l'homologation par un ministre, dont les droits ne semblent pas être parfaitement définis dans toutes les circonstances.

L'établissement du genre de concurrence que comportent les chemins de fer ne remédie pas à ce mal; j'ai dit dans la première partie de ce travail qu'il amenait de graves inconvénients. Je vais reprendre cette question et appuyer sur des faits l'opinion que j'ai émise.

Concurrence et monopole. — La libre concurrence stimule toutes les activités et règle les prix par des équilibres qui échappent à l'action des pouvoirs publics. C'est la loi de l'industrie dans les circonstances ordinaires, mais elle n'est pas toujours possible, et l'exploitation des chemins de fer ne se prête pas à ses exigences. Un chemin de fer ne peut être construit qu'en vertu d'un privilège; le nombre des Compagnies qui se disputent un même trafic est nécessairement très limité ; aucune des lignes ne saurait, d'ailleurs, être supprimée. On comprend que, dans ces conditions, la lutte doit avoir un terme : elle sert seulement à établir les avantages naturels que possèdent les rivaux et à poser les bases d'un accord. Les transports auxquels une ligne aurait suffi étant alors répartis sur plusieurs chemins, pour chacun d'eux les recettes sont faibles et l'exploitation relativement dispendieuse. On ne peut alors éviter des tarifs élevés, et les capitaux engagés dans la construction ou dévorés dans la lutte ne reçoivent qu'un petit intérêt.

Lorsque chacune des lignes est utile en elle-même et indépendamment de toute opération de concurrence, le mal est beaucoup moins grand ; mais les chemins, ayant été faits en vue d'une lutte, sont établis dans des conditions techniques, que le petit trafic réservé à plusieurs d'entre eux ne justifie pas toujours. Enfin, s'il y a simplement accord et non fusion complète, les transports ne se trouvent pas répartis de la manière qui serait nécessaire pour que l'exploitation devînt réellement économique.

Une industrie est en monopole lorsqu'elle n'est exercée que par un nombre très restreint de personnes, et que de nouveaux artisans ne peuvent, d'un jour à l'autre, prendre place auprès des premiers. Le monopole des allumettes serait divisé, mais non pas détruit, si une seconde Compagnie recevait l'autorisation d'en faire et d'en vendre, avec l'invitation de lutter contre la première.

Le *monopole divisé* a tous les inconvénients du monopole ordinaire, sans présenter comme lui l'avantage de l'unité d'action. D'un côté, il ne permet pas à chacun de se lancer dans la lutte avec son intelligence et ses capitaux, et il n'établit pas les prix sur des bases indiscutables ; de l'autre, il augmente les frais d'établissement et les dépenses générales, et il rend toutes les améliorations plus difficiles à réaliser. Lorsqu'on l'a appliqué aux chemins de fer, il a empêché que les réseaux fussent tracés d'après une vue d'ensemble ; il s'est montré impuissant à résoudre le problème d'assurer une rémunération suffisante aux capitaux et d'offrir des tarifs réduits à l'industrie : partout il a échoué. Adopté en 1837 pour les communications entre Paris et Versailles, il n'a donné que de mauvais résultats et a été supprimé, à la satisfaction générale, après avoir englouti un capital qui pèse lourdement sur les finances de la Compagnie de l'Ouest. C'est ce régime qui a présidé à l'établissement et à l'exploitation des chemins de fer en Angleterre, jusqu'au moment où les Compagnies ont cherché leur salut dans des fusions.

Parmi le grand nombre de documents officiels qui existent sur cette question, on remarque l'enquête faite, en 1872, par le Parlement de la Grande-Bretagne. Dans son ouvrage sur le *Régime des travaux publics en Angleterre*, M. Ch. de Franqueville en a publié des fragments, qui montrent que les luttes se terminent toujours par un accord, que les prix définitifs sont généralement plus élevés que ceux qui étaient primitivement perçus, sans que, pour cela, les dividendes soient satisfaisants, de sorte que, suivant un témoin, « la balance est au préjudice du public aussi bien que des actionnaires [1]. »

[1] Outre l'ouvrage de M. Ch. de Franqueville, on peut consulter celui de M. Malézieux (*Les Chemins de fer anglais en 1873*); le rapport fait par

Voici quelques passages de la déposition de M. Wright, vice-président de la Chambre de Commerce de Birmingham :

D. N'existe-t-il pas entre les trois Compagnies qui possèdent des lignes de Londres à Birmingham une concurrence qui ait pour résultat d'abaisser les tarifs ?

R. C'est précisément le contraire qui a lieu.

D. Pas même pour les localités qu'elles desservent concurremment ?

R. Au contraire.... Vers l'année 1839, le prix des transports de la quincaillerie de Birmingham à Liverpool par chemins de fer était de 16fr,75 par tonne. A la même époque ou à peu près, j'avais fait venir de Liverpool des marchandises de la même classe, par le canal, pour 15fr,70 par tonne. Mais le chemin de fer adopta le prix de 16fr,75, et je crois qu'il donnait alors un dividende de 10 0/0. Plus tard, la ligne de Liverpool se fusionna avec celle de Manchester; enfin, le tarif fut élevé de 18fr,85 à 21fr,95 par tonne, lorsque ces deux lignes furent réunies à la Compagnie du *London and North-Western*... Lorsque la Compagnie du *Great-Western* ouvrit sa ligne sur Liverpool, si ce n'est le jour même, au moins dans le mois qui suivit l'ouverture, par un arrangement entre les deux Compagnies, le tarif fut porté à 25fr,25, et les choses sont restées dans l'état, c'est-à-dire que, par la ligne du *London and North-Western*, le prix est de 25fr,25, et qu'il est aussi de 25fr,25 par la ligne prétendue concurrente du *North-Western*. Lorsqu'elle était *Grand-Junction* seulement, nous ne payions que 16fr,75.

J'ai choisi cette déposition, parce que le témoin occupait une position officielle qui augmente l'autorité de sa parole, mais les choses se sont passées le plus souvent

M. Cézanne à l'Assemblée nationale, le 3 février 1873, au nom de la Commission d'enquête pour les chemins de fer et les autres voies de transport; les publications de MM. Paul Boiteau, Nouette-Delorme, Du Lin et Fousset; de nombreux articles dans le *Journal des Travaux publics*, etc.

d'une manière un peu différente, la lutte ayant fait baisser momentanément les tarifs.

Dans ses conclusions, la commission d'enquête s'exprime ainsi au sujet de la concurrence :

> Les Comités et Commissions, soigneusement choisis, ont, depuis trente ans, essayé d'établir *toutes les formes de la concurrence, l'une après l'autre*, mais il est devenu de plus en plus évident qu'il est impossible que la concurrence produise dans l'industrie des chemins de fer les résultats qu'elle amène dans le commerce ordinaire, et que l'on n'a encore pu trouver aucun moyen d'assurer l'existence permanente de la concurrence. Malgré les recommandations des pouvoirs publics, les fusions et les traités ont été conclus entre les Compagnies sans obstacle et presque sans règle. Il existe aujourd'hui un système de réseaux qui constituent par leur étendue considérable, et par l'absence de toute concurrence dans des contrées entières, des monopoles dont la création aurait suscité les plus vives objections de la part des autorités d'autrefois. Il n'y a d'ailleurs aucune raison de supposer que les progrès de cette fusion soient arrêtés, ou qu'ils doivent jamais cesser, jusqu'au moment où il n'existera plus dans la Grande-Bretagne qu'un petit nombre de grandes Compagnies.

En Belgique, les résultats ont été les mêmes qu'en Angleterre. M. Jamar, ministre des travaux publics, a traité cette question dans un exposé fait à la Chambre, en 1870, et dont plusieurs journaux français ont reproduit des extraits. Je n'en citerai qu'un court passage :

> On a cru en Belgique, comme en Angleterre, que, pour assurer le bon marché des transports, il fallait empêcher le monopole des chemins de fer; qu'aux lignes existantes il fallait absolument opposer des lignes concurrentes. Or, l'expérience prouve que la concurrence des chemins de fer produit des effets en sens inverse;

qu'au lieu de la réduction, elle a pour résultat final le renchérissement des prix de transport.

Des faits analogues se sont encore produits en Amérique, et sont constatés dans des pièces officielles, telles que l'enquête du Massachussets et celle qui a été ordonnée par le Sénat, à l'occasion des plaintes formulées par les habitants de la région à céréales ([1]). La variation des tarifs paraît avoir été plus grande aux États-Unis que dans les autres pays. Voici comment le *North-American Review* s'est exprimé sur ce sujet ([2]) :

> Jusqu'à présent, la concurrence a été la peste des chemins de fer ; elle a toujours agi comme un violent agent de perturbation. Si, à un moment, elle force les prix à descendre à un taux déraisonnablement bas, c'est pour les faire monter, une autre fois, par suite de coalition, à un taux excessivement élevé. Dans ces dernières années, le prix des transports entre New-York et Chicago a oscillé, sous l'influence de la concurrence, entre 5 et 57 dollars par tonne, et de la même localité à Saint-Louis, entre 7 et 46 dollars ; et le Érié-Railway se faisait payer tantôt 2 dollars, tantôt 37 par tonne.

Il y a quelques mois, une dépêche insérée dans tous nos journaux annonçait que les chemins de fer du New-York central, de l'Érié, de l'Ohio, de la Pensylvanie, et *quarante-deux autres*, avaient contracté un arrangement par lequel ils consentaient une base permanente et uniforme des tarifs avec une notable élévation des prix.

([1]) Voir dans l'*Économiste français*, numéros des 27 février et 6 mars 1875, des articles très intéressants sur l'enquête ordonnée par le Sénat des États-Unis.

([2]) Je prends cette citation dans l'ouvrage de M. Nouette-Delorme : *De la question des chemins de fer en France.*

On voit que ce n'est pas sans de sérieux motifs qu'un grand nombre d'hommes d'État, d'ingénieurs et d'économistes admettent que la concurrence doit être écartée de l'industrie des chemins de fer ([1]).

Opinion de M. Charles Couche sur le système adopté en Angleterre (C).

M. Charles Couche s'est prononcé récemment en faveur du système suivi par les Anglais. La position qu'il occupe dans la science des chemins de fer est trop considérable pour que, lorsque son opinion ne paraît pas fondée, on puisse négliger de lui répondre ou ne le faire qu'en peu de mots. Il pardonnera à l'un de ses plus anciens camarades de discuter les observations qu'il a présentées.

Je mettrai d'abord l'article de M. Couche sous les yeux du lecteur.

Il y a un moyen, qui réussit parfois, de faire accepter une proposition fausse : c'est de l'énoncer en termes absolus, en la décorant du nom d'axiome ; comme les axiomes ne se démontrent pas, cela dispense de fournir des preuves.

Tel est le prétendu principe, si souvent répété en France, que la concurrence entre les chemins de fer est impossible ; et l'on ne manque guère d'ajouter : « Voyez plutôt l'Angleterre. »

L'exemple, en vérité, est bien choisi.

Si la concurrence consiste, comme autrefois entre les entreprises de transport par terre ou par eau, dans un abaissement à outrance des tarifs, jusqu'à ce que mort s'ensuive pour ceux auxquels le nerf de la guerre fait défaut, rien de semblable n'est pos-

([1]) M. Isaac Pereire, dans le livre remarquable qu'il a publié en 1879 sur la question des chemins de fer, a tracé un tableau saisissant des désordres causés par la concurrence en divers pays (1880).

sible, en effet, pour les chemins de fer. Un chemin de fer ne disparaît pas. Tout au plus, peut-il être absorbé par un autre, et plus d'une fois cette absorption a été la raison d'être, le but final de la spéculation. Une fois ce but atteint, le produit net du double emploi se résume à peu près en un excédant de charge imposé à la fortune publique, sans bénéfice réel pour les intérêts généraux.

Mais si la concurrence consiste dans les efforts incessants de tous les producteurs pour prendre part à l'approvisionnement d'un même marché, en luttant contre des conditions relativement défavorables, nulle part elle n'est plus vive, plus alerte, et, ajoutons, plus féconde en avantages pour le public qu'entre les chemins de fer anglais. Pour la plupart des destinations, le monopole est battu en brèche avec une singulière ardeur, et plusieurs Compagnies arrivent à se partager le trafic.

« Elles s'entendent », dit-on, en France. Heureuse entente, et plût au ciel qu'il en pût être de même chez nous!

Cela est devenu à peu près impossible. Le système des grands réseaux a tranché la question. On lui doit un assez grand nombre de lignes, dont l'utilité n'avait rien de bien pressant, à en juger par leur trafic si faible, par le nombre dérisoire des trains qui troublent de temps en temps le silence de leurs solitudes (¹).

Les droits acquis, les traités, sont inviolables; mais, parce qu'on a rendu la concurrence à peu près impossible en France, en résulte-t-il qu'il en soit de même partout, indépendamment du système qui a prévalu, et que, par leur essence même, les chemins de fer échappent à la condition générale et vitale de toutes les industries : la concurrence!

A cela un mot répond, et ce mot c'est aussi : « Voyez l'Angleterre. »

Cette « entente » que l'on allègue, à quoi a-t-elle abouti ? A l'uniformité des prix ? Parfaitement; c'est-à-dire que les Compagnies qui desservent les trajets moins directs prennent à leur charge tout le parcours de détournement; qu'elles ne reculent devant aucun sacrifice : exécution, à grands frais, de lignes nouvelles pro-

(¹) Il serait intéressant, mais ce n'est pas ici le lieu, d'évaluer le prix de revient de l'unité de trafic sur ces lignes, dont la liste est longue. (Note de M. Couche.)

curant le raccourcissement de quelques kilomètres ; création de trains à grande vitesse, etc., etc. On dirait en vérité que c'est une lutte d'amour-propre plus encore qu'une lutte d'intérêts, et en effet il s'en mêle bien un peu.

On sait combien sont modérées les prétentions des Compagnies anglaises en matière de rémunération des capitaux. Pour elles, la concurrence est devenue une sorte de point d'honneur, et elles acceptent sans sourciller les charges qu'entraîne une exploitation généralement peu productive.

On va de *Londres :* à *Manchester*, par quatre voies différentes ; à *Birmingham*, à *Liverpool*, à *Leeds*, à *Edimbourg*, à *Glascow*, à *Perth*, par trois voies ; à *Scheffield*, à *York*, par deux, etc.

Si l'on tient compte de toutes les facilités données au public, sous forme de *season tickets*, de billets d'excursion à des prix très réduits qui ont reçu un énorme développement, on reconnaîtra que l'exploitation des chemins de fer anglais donne au public la satisfaction la plus complète ; résultat dû, pour une bonne part, à la concurrence.

Ne pouvant la nier, on allègue l'immense trafic qui lui fournit des aliments. Sans doute, mais aussi quel réseau !

Nous ne faisons pas, au surplus, de comparaison ; nous avons voulu seulement redresser une erreur, vraiment trop répandue, surtout comme une justification sans réplique du système des grands réseaux.

M. Couche ne conteste aucun des faits importants que, d'après les enquêtes officielles et divers autres documents, on croit, en France, avoir été produits par la concurrence des Compagnies anglaises de chemins de fer. Il reconnaît que les prix sont égaux pour les mêmes transports faits par différentes directions, et que les bénéfices sont faibles. Sans s'expliquer sur l'élévation des tarifs, il indique un cas dans lequel un excédant de charges se trouve imposé à la fortune publique.

Quand, malgré de grands efforts, les Compagnies ne

touchent que des dividendes réduits, il est impossible de leur demander des sacrifices en dehors de l'objet spécial de leur privilège. Les recettes données par les trafics les plus considérables se trouvent ainsi complètement absorbées. Si le système anglais avait prévalu en France, nous n'aurions eu aucun moyen de construire et d'exploiter des lignes peu productives. Cette conséquence, que tous les ingénieurs ont reconnue depuis longtemps, a été signalée par M. Cézanne dans un rapport dont j'ai parlé plus haut. M. Couche sait où conduit la direction dans laquelle il s'engage : l'exploitation, telle qu'elle est faite en Angleterre, lui paraissant présenter des avantages réels, il n'hésite pas et condamne les lignes sur les-« quelles un nombre souvent dérisoire de trains trou-« blent de temps en temps le silence des solitudes », bien qu'il sache que « la liste en est longue. »

Voit-on maintenant ce que le système anglais eût donné dans notre pays, où l'activité industrielle est répartie d'une manière très inégale? Nous aurions sur chacune des grandes directions plusieurs Compagnies qui, sans assurer le bon marché des transports, lutteraient (peut-être?) d'empressement pour procurer au public diverses facilités. Les districts manufacturiers et ceux d'une grande production agricole seraient coupés d'une foule de chemins plus ou moins bien enchevêtrés qui ne donneraient pas de meilleurs résultats pour les tarifs. Enfin, les contrées où l'industrie est peu développée, celles que l'on appelle « des solitudes », resteraient complètement délaissées. Quels seraient notre présent et notre avenir, à nous autres Bretons, qui croyons avoir été un peu oubliés?

J'espère que cette doctrine ne prévaudra pas, et que la France voudra prochainement accorder des chemins de fer aux contrées qui n'ont encore reçu aucune satisfaction, bien qu'elles aient contribué comme les autres, par leurs impôts, à la construction des grandes lignes. Il y a sans doute une limite de trafic au-dessous de laquelle on ne doit pas construire un chemin de fer, même à bon marché (¹); mais les lignes à petites recettes établies jusqu'à ce jour ont rendu d'immenses services, principalement pour l'agriculture, qui ne pouvait ni se procurer les amendements nécessaires, ni écouler ses produits; elles ont donné de la valeur à des richesses naturelles complètement négligées; elles ont augmenté d'une manière notable le trafic des grandes artères et le commerce général de la France. Dans ses *Observations sur les chemins de fer* (²), M. Krantz a présenté des considérations pleines d'intérêt sur l'utilité réelle que présente, tant pour le Trésor que pour le pays qu'il traverse, le chemin de la Vendée, qui, l'année précédente (1874), avait seulement produit 5200^{fr} par kilomètre (D).

Mais j'ai trop concédé. Le système anglais n'aurait pas même donné parmi nous les résultats que j'ai indiqués, car nous n'avions pas assez de capitaux pour combler

(¹) On comprend parfaitement qu'il ne s'agit pas de rechercher si, parmi les embranchements qui ont été ouverts, on n'en trouverait pas dont l'utilité actuelle pourrait être contestée. M. Couche a posé la question d'une manière très nette; il ne critique pas la construction de tel ou tel chemin, c'est le système lui-même qu'il rejette.

(²) Bien que je ne partage pas toutes les idées émises dans cet ouvrage, je crois devoir l'indiquer comme une étude importante. Le lecteur y trouvera notamment des considérations pleines d'intérêt sur « la radicale infirmité » de la concurrence dans l'industrie des chemins de fer, et sur la « dure nécessité » dont je parle plus loin.

le gouffre que le premier choc eût ouvert. Les fonds étrangers étaient peu connus dans notre pays : la rente française, des placements chez les notaires, la commandite du commerce de détail, absorbaient presque entièrement les capitaux mobiles, et l'on dut faire des appels en Angleterre pour la construction de quelques-unes de nos premières lignes (E).

C'est à la suite du développement graduel de la prospérité amenée par nos chemins de fer exploités sans concurrence, que nous avons vu l'épargne créer ces capitaux qui, après avoir suffi à une foule d'entreprises, ont débordé sur l'Europe; puis, maintenant que, malgré nos revers, nous sommes peut-être assez riches pour faire les sacrifices qu'exige le système anglais, nous chercherions à l'imiter, autant que peuvent le permettre les droits acquis et les traités, sans avoir d'autre perspective qu'une concurrence qui ne porterait pas sur les prix et dont les avantages ne sont même pas indiqués d'une manière précise!

Les Anglais ont des abonnements et des billets d'excursion à prix réduit : tout cela existe en France, et M. Couche n'établit pas une comparaison qui pourrait seule faire apprécier les différences (1). Eu égard à l'entente

(1) L'article de M. Couche forme une note de son ouvrage sur les chemins de fer. Dans une autre note, il compare les commodités accordées aux voyageurs en France et en Angleterre. Voici le passage qui me paraît avoir le plus d'importance :

« Le trait caractéristique, et, je ne crains pas de le dire, le trait admirable des chemins anglais, c'est l'égalité des tarifs devant la vitesse.... L'ouvrier, le marin, parcourent en cinq heures, comme le millionnaire, les 224^{km} qui séparent Londres de Liverpool.... Chez nous le voyageur de 3e classe met $10^h\,20^m$ à se rendre de Paris à Granville (328^{km}); $10^h\,30^m$ de Paris à Laval (301^{km}).... Certes, tout ce qui est possible en Angleterre ne l'est pas en France, mais la disproportion des traitements est vraiment excessive. »

établie entre les Compagnies [1], je suis porté à croire que les résultats avantageux qu'il cite ne sont pas dus à l'action directe de la concurrence, mais à la *dure nécessité* qui résulte d'une exploitation peu fructueuse. Cette situation, regrettable à beaucoup de points de vue, est quelquefois, en effet, une cause d'activité.

Il s'établit naturellement entre les diverses Compagnies une émulation très utile pour augmenter les commodités accordées aux voyageurs, simplifier les formalités dans les expéditions, et donner au public divers avantages, comme l'usage du télégraphe dans les petites localités. Ce genre de concurrence n'exige nullement que les Compagnies se disputent un même trafic. Je suis même porté à penser qu'il agit plus efficacement lorsqu'il ne prend pas l'apparence de la lutte.

Mais admettons que cette émulation soit plus grande lorsque les Sociétés se partagent un courant commercial : si elle s'établit sur des points importants, tels que les délais de livraison [2], elle doit produire les mêmes conséquences que la concurrence ordinaire, et se terminer comme elle. Une rivalité qui ne trouble pas l'accord des Compagnies se réduit nécessairement à peu de chose.

Du reste, les renseignements qui nous parviennent ne

[1] Si l'on veut lire dans l'ouvrage de M. Ch. de Franqueville les passages désignés par la table, au mot « Traités », on verra combien sont étroits les engagements qui lient entre elles les Compagnies prétendues concurrentes; je me contenterai de rapporter sommairement un exemple : un comité catholique ayant obtenu de la Compagnie du *South Eastern* des prix réduits pour un pèlerinage en France, l'affaire dut être soumise à la Compagnie du *London-Chatam-Dover*, qui possède, comme la première, une ligne de Londres à Douvres, et celle-ci refusa son agrément.

[2] *Speed is time, and time is money.* Une livraison plus prompte est un abaissement de tarif; offrir un même produit à un prix plus faible ou un

témoignent pas tous de l'empressement des Compagnies anglaises à l'égard du public. Plusieurs de nos journaux ont reproduit un article étendu et contenant des observation sévères, publié par le *Times*, le 26 avril 1872. J'en extrais quelques passages :

Il serait long de raconter l'histoire du développement de nos chemins de fer, de retracer leurs luttes, leurs gaspillages, leurs fusions, et les différents systèmes qu'ils emploient pour se combattre les uns les autres, et pour faire expier au public tous les péchés qu'il a commis en cette matière.

Tout homme réfléchi se souvient avec chagrin que pendant bien des années il n'a retiré qu'un maigre intérêt de ses placements en actions de chemins de fer, ou qu'il a dû vendre ses titres à perte... Il sait que dans ce pays, qui a été le berceau des chemins de fer, il paye un tarif plus élevé que dans aucun autre pays. S'il voyage en seconde classe, il sait qu'il est moins bien traité qu'il ne l'est partout ailleurs ; s'il prend la troisième classe, il se sent la victime d'une persécution ingénieuse et presque malicieuse, en mille manières. S'il veut passer d'une ligne sur une autre, il rencontre autant d'embarras et subit autant de délais que s'il traversait une frontière séparant deux peuples...

Les trains sont organisés avec une si exquise habileté, qu'un voyageur ayant à faire un trajet transversal, et forcé d'emprunter successivement plusieurs lignes, est réduit à souffrir, à chaque changement, autant d'ennuis et d'embarras que s'il était un contrebandier connu...

La carte des chemins de fer nous montre elle-même, à la simple inspection, que l'on ne s'est attaché à desservir convenablement ni l'intérêt général, ni l'intérêt provincial, ni même les intérêts purement locaux...

La cause de tout cela est la manière dont les chemins de fer ont été créés : c'est-à-dire par le principe de la concurrence publique.

produit plus avantageux pour le même prix, ce sont deux variétés de la concurrence qui me paraissent se ressembler beaucoup.

tempéré par l'intérêt parlementaire. Il est impossible, d'après cela, qu'il n'y ait pas une aspiration confuse vers l'institution d'une direction unique et officielle...

Jamais des critiques plus vives n'ont été faites en France sur le régime des chemins de fer.

La difficulté des voyages transversaux en Angleterre a été plusieurs fois signalée. Deux Compagnies liées par un traité, mais ayant cependant des administrations distinctes et des intérêts différents, ne peuvent pas combiner leurs services pour la plus grande commodité des voyageurs, comme le fait une seule direction. Les facilités que l'unité assure me paraissent infiniment moins problématiques que celles que la concurrence peut procurer.

Un autre article publié par le *Times*, le 4 septembre 1871, contient le passage suivant, lu à la tribune par M. Caillaux, le 27 mai 1875 (F) :

En Angleterre, dans la pratique, la concurrence a lamentablement échoué. Des millions ont été gaspillés, l'avantage du public a été méconnu, et encore ceux qui ont longtemps crié le plus haut en faveur du *free trade*, en matière d'entreprises de chemins de fer, en faveur de la libre concurrence et d'une rivalité salutaire, sont aujourd'hui tous unanimes pour réclamer l'action combinée, pour exécrer la concurrence et demander l'unité d'administration.

Chemin de fer de Saint-Nazaire à Châteaubriant (G). Influence des doctrines économiques sur le tracé des lignes.

Le Conseil général de la Loire-Inférieure a eu plusieurs fois à examiner des questions relatives à l'exploitation des chemins de fer.

Un embranchement qui se détache, à Savenay, de la ligne de Nantes à Lorient, dessert seul Saint-Nazaire. Depuis longtemps on projette, tant pour compléter les débouchés de ce port que pour desservir des intérêts locaux, une ligne qui, passant près des petites villes de Blain et de Nozay, rejoindrait à Châteaubriant le réseau de l'Ouest, et, prolongée au delà par une ligne concédée et en partie construite, atteindrait, à Sablé, le chemin d'Angers au Mans. La distance de Saint-Nazaire à Sablé, ou, si l'on veut, à Paris, serait abrégée d'environ 33^{km}.

Ce chemin, fort utile d'ailleurs, sera toujours moins important que la ligne actuelle, qui, étant établie dans les meilleures conditions techniques, donne à Saint-Nazaire une communication excellente avec les villes de la Loire et les départements situés au sud de ce fleuve; et qui, pour les relations avec la région où se trouve Paris, permet à ce port de jouir des avantages assurés à Nantes relativement au nombre et à la rapidité des trains de voyageurs, à la correspondance avec les lignes transversales, aux réductions dont le tarif est susceptible sur une ligne fréquentée et voisine d'une rivière navigable, etc.

Deux projets sont en discussion : dans l'un, le nouveau chemin partirait de Savenay et prolongerait jusqu'à Châteaubriant l'embranchement actuel de Saint-Nazaire; dans l'autre, il s'en détacherait dès Montoir, et couperait à Pontchâteau la ligne de Nantes à Lorient.

Avant d'aller plus loin, je dois donner quelques indications numériques qui sont indispensables pour faire comprendre les dispositions générales des deux tracés en discussion.

PREMIER TRACÉ (SAVENAY).

Longueur empruntée à la ligne de Saint-Nazaire à Nantes (Cie d'Orléans) depuis Saint-Nazaire jusqu'à un point un peu au delà de Savenay	25 942m
Longueur à construire de Savenay à Issé	50 340
Longueur empruntée à la ligne de Nantes à Châteaubriant actuellement en construction (Cie d'Orléans), depuis Issé jusqu'à Châteaubriant	14 800
Longueur empruntée à la Compagnie de l'Ouest. — Gare de Châteaubriant	680
Longueur totale du parcours	91 762m
Rayon minimum	300m
Déclivité maxima pour 1000m	15
Dépense, non compris le matériel roulant	8 000 000fr

SECOND TRACÉ (PONTCHATEAU).

Longueur empruntée à la ligne de Saint-Nazaire à Nantes (Cie d'Orléans), depuis Saint-Nazaire jusqu'à un point un peu au delà de Montoir	6 576m
Longueur à construire de Montoir à Saint-Vincent-des-Landes	71 740
Longueur empruntée à la ligne projetée de Châteaubriant à Redon (Cie de l'Ouest), de Saint-Vincent-des-Landes à Châteaubriant	12 145
	90 461m
Rayon minimum	400m
Déclivité maxima pour 1000m	15
Dépense, non compris le matériel roulant	11 100 000fr

Il résulte de la comparaison des deux tracés que le second présente sur le premier (1) :

Une diminution de parcours de	1 301m

(1) Les nombres que je donne sont pris sur les pièces communiquées au Conseil général de la Loire-Inférieure dans sa session d'avril 1877. Depuis

Une plus grande longueur à construire (et à entretenir) de................................ 21 400m

Et une plus grande dépense de............... 3 100 000fr

Le rayon minimum est porté de 300 à 400m.

Les deux projets sont établis, comme on le voit, dans les mêmes conditions techniques. M. l'ingénieur en chef dit dans son rapport, en parlant du second tracé :

Dans une étude définitive, au prix de quelques allongements et de quelque augmentation de terrassements, il est probable qu'on pourrait réduire à 12mm le maximum des déclivités.

La situation ne serait pas beaucoup modifiée, et d'ailleurs cette indication, ne faisant pas connaître les augmentations de dépense et de parcours qu'exigerait la réduction des déclivités de 15 à 12mm, ne peut pas être prise actuellement en grande considération.

Dans le second projet, les lignes de Nantes à Lorient et de Saint-Nazaire à Châteaubriant se croisent, à Pontchâteau, dans des conditions qu'il importe de faire connaître. Voici comment s'exprime M. l'ingénieur en chef :

Le tracé « rencontre, à 2000m au delà de la station de ce bourg (Besné), la ligne de Savenay à Redon, au-dessus de laquelle il passe un peu avant l'arrivée de ladite ligne à Pontchâteau. Cette disposition est commandée par la configuration du terrain. Un raccordement à niveau dans la station de Pontchâteau serait, en effet, impossible sans rebroussement, et il est bien préférable de prévoir l'établissement d'une voie de service reliant la station de Besné à celle de Pontchâteau. »

cette époque, la Compagnie de l'Ouest ayant arrêté le projet de la ligne de Châteaubriant à Redon, il a été nécessaire de faire quelques modifications au raccordement projeté près de Saint-Vincent-des-Landes. Je crois que les changements sont sans importance.

Cette voie n'est pas comprise dans l'estimation. Si l'on ne la construit pas, les voyageurs et les marchandises ne pourront pas passer d'une ligne sur l'autre, à Pontchâteau (à moins qu'on n'établisse entre la station de cette ville et celle de Besné un service d'omnibus et de camions). Si elle doit être faite, c'est une dépense à ajouter à celle du second projet; il faut de plus avoir égard à la charge qui en résultera pour l'exploitation, et à la gêne que cette communication incommode imposera aux voyageurs.

Dans le cas où le premier tracé serait adopté, quatre lignes iraient de la gare actuelle de Savenay à Nantes, à Saint-Nazaire, à Redon et à Châteaubriant. On pourrait facilement établir des correspondances convenables entre les différents trains de voyageurs, et faire, à peu de frais, les opérations nécessaires pour le triage et le transbordement des marchandises. Cette partie importante du service de l'exploitation a été dans plusieurs pays l'objet d'études sérieuses. On sait maintenant réduire notablement la dépense, par des dispositions spéciales, lorsque les opérations sont concentrées sur quelques points.

En résumé, le tracé par Savenay assure une exploitation économique qui peut seule amener des abaissements durables dans le tarif. Le tracé par Pontchâteau exige une plus grande dépense, augmente la longueur du chemin à entretenir, rend l'exploitation plus onéreuse, surtout si l'on fait la voie de raccordement, enfin, même avec ce complément qui paraît nécessaire, satisfait mal aux intérêts locaux. Les deux projets sont d'ailleurs dans les mêmes conditions, pour les transports entre Châteaubriant et Saint-Nazaire.

Jusqu'à présent, j'ai examiné les tracés en eux-mêmes et indépendamment des questions relatives aux Compagnies. Le premier, ayant par le fait son origine à Savenay, ne donne pas à une nouvelle Société accès à Saint-Nazaire. Afin d'obtenir ce résultat, le Conseil général de la Loire-Inférieure a voté un fonds de concours de 20000fr par kilomètre à construire, pour le cas où le second tracé serait adopté et concédé à la Compagnie de l'Ouest avec gares maritimes indépendantes. Il a de plus demandé :

1° Que si la Compagnie de l'Ouest « était entravée dans son passage par la Compagnie d'Orléans, elle eût la faculté d'établir un chemin accolé à celui de la Compagnie d'Orléans » entre Saint-Nazaire et Montoir ;

2° Que la déchéance de la Compagnie de Saint-Nazaire au Croisic soit prononcée, si elle ne remplit pas ses engagements, et que cette ligne soit concédée à la Compagnie de l'Ouest.

D'après cette combinaison, l'Ouest étendrait ses lignes jusqu'à Saint-Nazaire, Guérande et le Croisic, villes situées au sud du chemin de Nantes à Lorient, qui appartient à l'Orléans (1). La question des prolongements qu'une Compagnie peut avoir dans les réseaux voisins a été examinée lorsque la Compagnie du Midi a demandé

(1) Un publiciste distingué, notre compatriote M. A. Chérot, qui a sur les chemins de fer des idées différentes de celles que je soutiens, repousse les combinaisons de ce genre. Il dit, en effet, dans un article sur la création de Compagnies régionales secondaires :

« Le système régional, tel qu'il nous semble devoir être compris, doit exclure d'une manière générale tous prolongements en dehors du périmètre déterminé, toute pénétration dans les autres réseaux.... Ces pénétrations rompent l'homogénéité, qui doit être un caractère essentiel du réseau, créent des rapports difficiles, des complications d'exploitation, et sont par suite de médiocre rapport ». (*Journal des Économistes*, janvier 1877.)

la concession d'un chemin de Cette à Marseille par le littoral. Toutes les personnes qui s'occupent des chemins de fer se rappellent les discussions qui ont eu lieu à cette époque. Je ne veux pas reproduire des arguments bien connus, mais je crois devoir présenter quelques considérations d'une autre nature.

Les Compagnies d'Orléans et de l'Ouest ne peuvent pas désirer que les lignes de leurs réseaux s'entre-croisent, et par suite, si les dispositions demandées par le Conseil général existaient en vertu de dispositions antérieures, des conditions de rachat seraient discutées et bientôt arrêtées. Une semblable convention ne se produira certainement pas à la suite d'une concession; le gouvernement ne saurait le permettre, et la Compagnie de l'Ouest ne pourrait avoir la pensée d'escompter ainsi l'avantage qui lui aurait été accordé. Je ne présente cette observation que pour montrer quelle est la meilleure combinaison pour le bon fonctionnement des deux Compagnies. Les situations forcées créent des difficultés, et n'amènent jamais des résultats favorables. On peut toujours gêner, compliquer, entraver, susciter des conflits, mais il n'est pas plus possible de maintenir la concurrence quand elle blesse les intérêts, que de l'empêcher de se produire lorsqu'elle est dans la nature des choses.

Les combinaisons proposées par le Conseil général exigent :

1° La construction de nouvelles gares avec leurs dépendances, à Saint-Nazaire, sur des terrains propres à toutes les industries maritimes;

2° Très probablement l'ouverture d'un nouveau chemin entre Montoir et Saint-Nazaire ([1]);

3° L'établissement d'une ligne de raccordement de la future gare de l'Ouest à Saint-Nazaire jusqu'au chemin du Croisic, qui arrive maintenant dans la gare de l'Orléans.

Nous voilà bien loin de la différence de 3 millions qu'offraient les estimations des deux tracés étudiés.

La correspondance à Saint-Nazaire entre les trains du Croisic et ceux des deux lignes de Nantes et de Châteaubriant, qui auront des gares différentes, ne pourra pas être établie d'une manière commode pour les voyageurs ni économique pour les Compagnies. Ce n'est pas par de semblables dispositions qu'on attirera des baigneurs sur nos côtes.

La combinaison adoptée par le Conseil général rentre complètement dans le système qu'on appelle généralement la *concurrence*, et que je préfère désigner par un autre nom, celui de *monopole divisé*, d'abord parce qu'il n'entraîne pas nécessairement une concurrence même momentanée, ensuite pour éviter toute confusion avec le régime de la *libre concurrence*, qui n'est pas applicable aux chemins de fer. Pour mettre une seconde Compagnie en présence de celle qui exploitait seule un trafic, et lui permettre de lutter avantageusement, on construit des longueurs de chemins bien plus grandes que les besoins réels du commerce ne l'exigent; on dépense beaucoup d'argent et l'on néglige toutes les circonstances collatérales, mal-

([1]) Ce chemin devrait être fait par la Compagnie de l'Ouest, mais il n'en faut pas moins avoir égard à la dépense que sa construction entraînera.

gré la grande influence qu'elles ont sur l'exploitation. Ce point a une importance considérable : on rétablit plus tard l'unité, mais les chemins restent tels qu'on les a construits, au moins dans leurs principales lignes.

Autrefois, quand on cherchait à justifier des dispositions de ce genre, on parlait de l'utilité de la concurrence pour faire baisser les prix. De pareilles assertions n'étant plus possibles maintenant, on dit qu'il s'établira entre les Compagnies une émulation très avantageuse au commerce. Dans le cas actuel, on espère assurer la régularité des transports, quelquefois compromise par le manque de matériel.

Il est certain qu'à Saint-Nazaire la Compagnie d'Orléans ne s'est pas toujours trouvée en mesure de mettre à la disposition des expéditeurs les wagons nécessaires. J'ignore l'importance des dommages qui en sont résultés, et je crois qu'on n'a pas recueilli des données suffisantes pour l'évaluer avec quelque précision.

Si l'exploitation des chemins de fer était soumise aux lois de la libre concurrence, lorsqu'une quantité exceptionnelle de marchandises affluerait en un point, les prix de transport s'élèveraient, et, par suite, d'une part les Compagnies seraient dédommagées des frais extraordinaires qu'elle pourraient s'imposer; de l'autre, les expéditeurs les moins pressés attendraient que le tarif fût revenu à son niveau ordinaire, et par leur abstention diminueraient l'encombrement.

C'est ainsi que la concurrence, lorsqu'elle s'exerce librement, résout par des élévations de prix les difficultés qui résultent des augmentations considérables et momentanées de la demande. Des tarifs homologués, et par conséquent fixes, mettent la question dans une situation très différente et qui n'est nullement modifiée par le nombre des Compagnies. Je doute beaucoup qu'aucune concurrence se produise dans les moments où, par suite de circonstances spéciales, les transports, au lieu de donner des bénéfices, seraient devenus une charge.

Le développement des chemins de fer autour de Saint-Nazaire entraînera une augmentation de matériel, et permettra, par suite, de réunir plus facilement les wagons nécessaires; mais il me semble que ce résultat serait mieux assuré si un chef unique pouvait envoyer des ordres dans toutes les directions, à Nantes, à Châteaubriant, à Redon, au Croisic, quelle que soit la destination pour laquelle les marchandises se présentent en plus grande quantité.

Le problème de la concentration du matériel a été souvent discuté à l'occasion des questions militaires. Je crois qu'on a toujours regardé que la réunion des lignes sous une même administration rendait la solution plus facile.

En résumé, je ne vois pas que la présence d'une nouvelle Compagnie à Saint-Nazaire puisse en aucune manière porter remède à l'inconvénient de l'insuffisance accidentelle du matériel. Je crois qu'on doit s'y prendre d'une autre manière quand on veut corriger les défauts d'un monopole. Lorsque les intérêts du concessionnaire paraissent en opposition avec ceux du public, des stipulations précises avec des responsabilités pécuniaires doivent être insérées au cahier des charges. Je pense qu'on aurait pu demander qu'une clause de ce genre fût insérée dans le contrat de la Compagnie d'Orléans, s'il doit être révisé : sans doute cette Compagnie n'acceptera pas librement de nouvelles charges sans compensation, mais on pourrait lui en trouver de diverses manières. On doit d'ailleurs remarquer que la combinaison demandée augmente considérablement la dépense ; or, je serais bien surpris si, à l'aide d'une somme relativement très faible, on n'obtenait pas des conditions assurant d'une manière certaine les transports dans les cas les plus défavorables qui peuvent être prévus. Je n'entre dans aucun détail sur ce point, parce que, comme je l'ai dit, je ne connais pas l'étendue des dommages dont souffre le commerce ([1]).

On espère aussi que l'émulation des Compagnies amènera pour les expéditeurs divers avantages, et notamment la réduction des délais de livraison. Je me suis expliqué sur ce sujet en parlant des lignes anglaises.

Dans le rapport présenté au Conseil général par sa Commission des travaux publics, il est question de l'établissement, entre Saint-Nazaire et Châteaubriant, d'une « ligne de grand trafic ». Il s'agirait de « faire passer par cette voie tout le trafic avec Paris, la Normandie, le Nord et la Belgique. » La Commission pense que « l'intérêt des finances de l'État, l'intérêt du pays, exigent que les marchandises et les voyageurs soient toujours dirigés par la voie la plus courte. »

Les deux projets sont bons, mais aucun d'eux ne peut convenir pour une ligne de grand trafic et de trains rapides; le Conseil général n'a pas demandé de nouvelles études;

([1]) La question des encombrements sera examinée d'une manière plus complète dans la suite de ces études.

le fonds de concours qu'il a voté n'est pas subordonné à l'adoption de limites déterminées pour les déclivités et les rayons : il n'y a donc pas lieu de s'occuper de cette question. Je me borne à dire qu'il paraît peu utile de construire entre Saint-Nazaire et Châteaubriant un chemin dans des conditions techniques meilleures que celles de la ligne de Châteaubriant à Sablé, qui en forme de prolongement (1).

CONCLUSIONS.

1. De quelque manière qu'un réseau soit exploité, les conditions qui lui sont faites doivent être telles qu'une bonne administration puisse obtenir des recettes suffisantes pour assurer la régularité du service, et donner une juste rémunération aux capitaux engagés.

2. On doit régler les tarifs d'après une étude minutieuse des besoins des populations, de la nature des industries et des frais de transport sur les voies concurrentes. Ils sont nécessairement compliqués dans un pays composé, comme la France, de parties très dissemblables.

Il importe essentiellement de les établir avec assez d'ordre et de clarté pour qu'un expéditeur attentif et ayant quelque expérience puisse, dans tous les cas, comparer

(1) Le chemin de Sablé à Châteaubriant est exploité jusqu'à Château-Gontier; la seconde partie sera prochainement ouverte. Le cahier des charges autorise des déclivités de 0m.015 et des rayons de 300m. D'après des renseignements que je regarde comme certains, les déclivités atteignent mais ne dépassent pas 0m,012. Les chemins de Châteaugontier à Segré et à Laval sont projetés dans les mêmes conditions.

promptement les diverses conditions et les différents itinéraires qui lui sont offerts. Lorsque ce résultat sera assuré [1], toute modification un peu importante qui n'aurait pour but que de simplifier les tableaux, devra être rejetée.

3. La combinaison qui a été adoptée en France, tant pour la construction que pour l'exploitation, a donné des résultats meilleurs que les divers systèmes suivis dans les autres pays [2]; elle a augmenté la richesse nationale dans une proportion énorme, et dans quatre-vingts ans elle mettra l'État en possession d'une propriété d'un immense rapport.

4. L'utilité d'un réseau doit être appréciée d'après les richesses qu'il produit.

Dans l'origine, lorsqu'on n'avait que des lignes disséminées et peu nombreuses, les rapports de la longueur des chemins à l'étendue du territoire et à la population pouvaient être pris pour mesure, tant des efforts faits que des résultats obtenus, dans les divers pays. Ces nombres ne sont maintenant que des éléments de statistique utiles pour l'étude de la formation des réseaux et du tracé des lignes.

Dans l'œuvre de l'amélioration et du développement de ses chemins, la France n'a pas à s'inquiéter du rang qu'elle occupe sous le rapport de la longueur.

5. Eu égard à l'étendue actuelle des chemins de fer

[1] Je parle d'une manière générale et sans me prononcer sur les objections que peuvent soulever les tarifs actuels. L'enquête ouverte recueillera des faits, et permettra d'apprécier les plaintes qui ont été formulées.

[2] M. Lavollée donne sur ce point des détails intéressants dans son ouvrage : *Les Chemins de fer en France*, p. 57, 58.

en France et à l'abondance des capitaux, les principales difficultés de l'extension du réseau sont relatives à l'exploitation.

La construction d'un chemin dont l'exploitation n'est pas assurée par une combinaison financière sérieuse, est une source de mécontentements, de pertes et de difficultés de divers genres.

6. L'exploitation des chemins de fer ne se prête pas aux exigences de la libre concurrence. Tous les systèmes essayés ou même indiqués, se réduisent au monopole ordinaire et au monopole divisé entre des Compagnies privilégiées (1).

7. Le monopole ordinaire, par régions commerciales, présente les avantages qui résultent de l'unité d'action ; il assure notamment des facilités précieuses aux voyageurs qui doivent suivre successivement différentes lignes, par les correspondances qu'il établit entre les diverses directions, et la réunion des trains dans les mêmes gares.

Les relations entre les réseaux contigus sont faciles à régler, parce que les traités ne concernent que des opérations restreintes, et, par suite, n'altèrent que très peu l'indépendance des contractants.

8. Quand la concession est à long terme, la prospérité de chaque Compagnie de monopole est intimement liée à celle de la région qu'elle dessert.

9. Le monopole divisé n'offre pas les avantages du mo-

(1) Dans ce travail, j'ai évité de parler de l'exploitation par l'État, qui offre quelques caractères particuliers, bien qu'elle rentre dans l'un des deux genres de monopole, suivant que l'État possède toutes les lignes d'une région, ou seulement quelques-unes d'entre elles.
Ce sujet exigerait des développements étendus.

nopole simple, et conduit à ce dernier mode après avoir produit divers désordres et des pertes de capitaux. Il laisse subsister les abus du monopole, qui ne peuvent être prévenus que par des stipulations contenues dans les actes de privilège, et par l'intervention prudente de l'Administration publique.

10. L'indépendance de petites lignes simplement affluentes se concilie avec l'existence de réseaux de monopole.

11. Lorsqu'une Compagnie possède des chemins sur un territoire, et qu'une nouvelle Société entreprend d'y construire des lignes pouvant faire concurrence aux anciennes, la question des conditions de rachat ou de fusion est posée par le fait même du nouveau privilège. Le débat est engagé immédiatement. Quand les parties sont d'accord, les pouvoirs publics peuvent retarder la conclusion, mais ils ne possèdent aucun moyen de maintenir indéfiniment une situation forcée, et le public n'a aucun intérêt à ce que la solution définitive soit ajournée ([1]).

12. Les réductions de tarifs qui résultent de l'économie dans l'exploitation et du développement des transports, sont seules utiles et durables. Toute réduction faite en vue d'une concurrence absorbe des capitaux et doit être considérée comme un mal; mais, lorsque des Compagnies ne parviennent pas à s'entendre, il n'est pas possible d'empêcher une lutte de s'établir.

([1]) Il est grandement question d'un rachat général. Ce sera une manière de faire disparaître la situation forcée, car l'État, maître des lignes des Compagnies concurrentes, n'établira probablement pas, pour leurs réseaux, des administrations distinctes et indépendantes, en leur recommandant de se faire la guerre (1880).

13. En dehors des engagements spéciaux qu'elle a pris, une Compagnie privilégiée est soumise en tout aux règles du droit commun.

Les lois de la concurrence sont réciproques. Nul ne saurait prétendre qu'il peut faire loyalement concurrence, et qu'on ne pourrait lui faire concurrence sans manquer à la loyauté.

14. Une lutte qui se manifeste, non par des abaissements de prix, mais par des facilités de divers genres offertes au public, ou se réduit à peu de chose, ou doit produire les mêmes effets que la concurrence dans sa forme ordinaire.

15. Les raisonnements qui ont pour base le prix de construction d'un kilomètre de chemin exigent de grandes précautions.

Le rapport des dépenses aux recettes d'exploitation est un élément de statistique dont on ne peut déduire des indications utiles que lorsque l'on connaît, à peu près, dans quelles conditions les chemins considérés se trouvent, sous le rapport des difficultés de la traction, de l'état d'entretien de la voie, des éléments du tonnage, des facilités accordées aux voyageurs, de la composition du tarif, etc.

16. Il est plus facile d'obtenir de rapides concentrations de matériel, pour les besoins du commerce ou les opérations militaires, lorsque les diverses lignes appartiennent à une même Compagnie, que lorsqu'elles sont indépendantes.

Les chemins de fer, bien que relativement récents, ont

une histoire, et leur science n'est pas une géométrie que l'on puisse traiter par le seul raisonnement. Les célèbres discussions qui ont eu lieu dans nos anciennes Chambres en 1837 et 1838, montrent que, dans les questions de cette nature, les hommes les plus éminents s'égarent quand ils ne s'appuient pas constamment sur des données positives. J'ai cherché à établir mes déductions sur l'expérience, d'après les faits constatés dans tous les pays, autant qu'il m'est donné de les connaître.

Il me reste à examiner quelques inconvénients que soulève l'organisation de chemins de fer en France, et pour lesquels on ne peut, je crois, trouver que des tempéraments.

Les chemins de fer étant forcément sous le régime du monopole, leurs tarifs ne reposent pas sur une base naturelle évidente, et, quelque favorables qu'on puisse les supposer, ils ne satisferont jamais tous les désirs. Les mécontentements sont donc inévitables; mais, ainsi que je l'ai dit en commençant, ils sont arrivés, dans certaines localités, à un degré qui constitue une situation grave. Des diverses mesures qui ont été proposées, la seule qui me paraisse de nature à amener de bons résultats est l'établissement d'une Commission parlementaire chargée d'examiner toutes les questions importantes relatives à l'exploitation et aux concessions nouvelles, mais sans avoir une autorité positive, car alors les Compagnies seraient dans sa dépendance et le contrat se trouverait brisé. Il serait nécessaire que ses membres fussent élus pour plusieurs années, afin qu'ils pussent voir se dérouler les conséquences des diverses mesures. Cette Commission acquerrait une grande autorité, et comme, en définitive, les intérêts de l'État garant des nouveaux réseaux, ceux des Compagnies et ceux du public ne sont pas opposés, on peut espérer qu'après diverses difficultés l'entente finirait par s'établir. Des sénateurs et des députés ne peuvent vouloir, en diminuant les recettes dans une certaine proportion, détruire la base de toutes les améliorations, augmenter les garanties que l'État paie chaque année, éloigner d'une manière indéfinie l'époque du remboursement, enlever aux Compagnies tout intérêt à bien administrer, et rendre très difficile l'établissement d'un régime différent.

Actuellement, il n'y a peut-être pas entre le public, d'une part, et les Compagnies, de l'autre, des intermédiaires assez nombreux et assez autorisés, pouvant constater les abus, mais aussi détruire, par des déclarations répétées, les nombreuses erreurs qui se répandent.

Dans ses conclusions sur les mêmes questions, M. Paul Boiteau exprime l'opinion qu'il conviendrait d'accorder l'autorisation, en cas de diffamation, de faire la preuve des faits avancés contre toute personne appartenant à une Compagnie concessionnaire. Je crois que cette mesure aurait des avantages. Les Compagnies de chemins de fer sont des administrations publiques, et il importe, d'une part, que les actes coupables qui s'y commettraient puissent être signalés; de l'autre, que les agents des Compagnies aient la faculté de poursuivre leurs calomniateurs, comme le font les fonctionnaires de l'État.

Donges, 20 *mai* 1877.

ADDITIONS

A. — Théorie de M. Léon Lalanne sur le tracé des réseaux de chemins de fer.

M. Lalanne, membre de l'Institut et inspecteur général des ponts et chaussées, a suivi avec un grand soin la formation des réseaux de chemins de fer dans divers pays, et a fait connaître d'une manière sommaire le résultat de ses observations (¹).

Les courants commerciaux déterminent le tracé des premiers chemins de fer. En France, où la richesse se développe d'une manière assez uniforme, la direction de ces courants a peu varié depuis un siècle : les lignes parcourues par les express, en 1879, ne s'éloignent pas beaucoup des routes à relais de poste qui existaient avant la Révolution (²).

Le réseau s'étend par la construction de lignes suivant la direction des courants secondaires, lorsqu'ils ont quelque importance. Dans le cas contraire, on voit un point

(¹) *Essai sur la théorie des Réseaux de chemins de fer* (*Comptes rendus des séances de l'Académie des Sciences*, 27 juillet 1863).

(²) Voir l'Atlas publié en 1785 par les ingénieurs géographes Michel et Desnos sous le titre d'*Indicateur fidèle* ou *Guide des Voyageurs*. On y constate notamment l'existence de douze routes divergeant de Paris dans des directions qui diffèrent peu de celles des douze chemins de fer principaux qui en rayonnent aujourd'hui.

de rayonnement se former près du centre de la maille. D'une manière comme de l'autre, les mailles, d'abord polygonales, tendent à devenir triangulaires, et la moyenne des nombres des rayons aux divers sommets se rapproche de six.

Ces lois, qui ont été constatées par l'observation, ne sont pas absolues. Des circonstances spéciales empêchent souvent qu'elles soient complètement satisfaites.

La théorie présentée par M. Lalanne se rattache, dans son esprit, à des règles générales sur la répartition géographique des populations. Lorsqu'on la connaît, on examine avec plus d'attention le développement d'un réseau et les causes accidentelles qui modifient la direction naturelle des lignes.

Il n'appartient qu'à M. Lalanne de justifier ses idées et de développer leurs conséquences. Je me bornerai à quelques observations relatives à la Loire-Inférieure et aux départements qui l'avoisinent du côté du nord-est.

Le grand quadrilatère qui a pour sommets Nantes, Rennes, Laval et Angers, ne contient aucune ville importante et n'est traversé par aucune route très fréquentée. Les rivières qui y coulent et les accidents de terrain qu'on y rencontre ne sont pas des obstacles sérieux à l'établissement des lignes. Les lois qui, pour le tracé des chemins de fer, résultent des conditions mêmes de leur fonctionnement au milieu d'une population disséminée, doivent donc s'y manifester librement.

Une étoile se forme à Châteaubriant. Cette ville, placée près du centre du quadrilatère, n'est encore desservie que par deux lignes, dirigées, la première vers Nantes, et la seconde vers Angers, avec embranchement sur Sablé; mais on en construit d'autres pour Redon, Rennes et Vitré. Des chemins de Châteaubriant à Saint-Nazaire, à Ploërmel et à Laval, sont classés, et l'utilité publique du premier a été déclarée. Enfin, des demandes très instantes sont faites pour l'établissement d'une ligne de Châteaubriant à Chollet : son importance n'est pas douteuse.

Cette étoile se développe non seulement sans opposition, mais encore avec l'assentiment explicite des populations. Grâce à sa situation dans le réseau, la petite cité de Châteaubriant, qui contient à peine 4000 habitants et qui n'a aucune industrie considérable, se trouvera aussi bien traitée, pour le nombre des chemins de fer, que Nantes, la ville de 110 000 âmes, le centre industriel et commercial de toute la région.

Il y a là un fait remarquable [1]. On n'en trouverait pas d'aussi caractérisé sur toutes les parties du territoire, mais partout on voit le réseau, dans son développement, se soumettre aux lois que M. Lalanne a fait connaître à l'Académie en 1863. Dans cette étude, il est nécessaire de tenir compte, non seulement des circonstances géo-

[1] J'ai été très frappé de la formation et du développement de cette étoile, parce que plusieurs années avant que l'on en commençât la première ligne, M. Lalanne m'avait annoncé que Châteaubriant, sans faire autant de démarches que Nantes, obtiendrait tout naturellement pour les chemins de fer les mêmes résultats. Plus tard, le 23 novembre 1872, il a fait connaître à l'administration, dans un rapport officiel, son opinion sur cette question spéciale; enfin, il l'a rappelée en la reproduisant à l'occasion du classement des lignes du réseau complémentaire.

Ces détails ont de l'importance, parce que la prévision est la pierre de touche des connaissances positives. Je n'ai du reste présenté que des indications très sommaires : il ne m'aurait pas été possible de donner des développements sans sortir des limites que je me suis tracées.

graphiques spéciales, mais encore du système adopté pour l'exploitation. Des chemins appartenant à diverses Compagnies sont tracés d'une autre manière que s'ils dépendaient d'une seule Société. Dans le premier cas, le réseau présente beaucoup moins de régularité dans la disposition des mailles.

B. — Sur la loyauté dans les opérations commerciales, et sur les détournements de concurrence.

Je crois qu'on doit être très réservé dans l'appréciation des actes commerciaux auxquels des règles de morale bien précises ne sont pas directement applicables. Le prêt à intérêt, dans ses différentes formes, les tontines et les assurances sur la vie, certains marchés à terme, le prélèvement de dividendes sur le fonds social avant la période des bénéfices, la réduction du nombre des ouvriers dans une industrie par suite de l'emploi de machines nouvelles, toutes les spéculations qui se rattachent aux accaparements et aux coalitions, etc., ont été l'objet de savantes controverses. Des discussions sur les points encore douteux de ces questions, et sur les opérations spéciales que peut présenter l'exploitation des chemins de fer seraient d'un grand intérêt, mais, pour s'y engager, il faut bien comprendre le rôle que joue dans l'industrie l'acte que l'on examine.

Il est nécessaire de connaître exactement toutes les conditions d'un phénomène économique, pour pouvoir remonter à ses causes et y distinguer l'action propre des individus de l'influence des lois générales. Bien d'autres difficultés doivent être résolues. Au lieu de se livrer à des recherches épineuses, il est plus aisé de prononcer sommairement; mais des décisions qui ne s'appuient sur aucun principe n'ont pas de valeur dans une discussion sérieuse.

Lorsqu'on examine les controverses qui ont eu lieu sur les questions de loyauté, on voit que des esprits très fermes se sont quelquefois égarés lorsqu'ils ont cru pouvoir s'appuyer sur des considérations vagues. Pothier condamne les assurances sur la vie, en disant qu'il « est contre la bienséance et l'honnêteté de mettre à prix la vie des hommes ». J.-B. Say déclare que les rentes viagères et les tontines sont immorales « parce qu'elles favorisent la dissipation des capitaux, en fournissant au prêteur un moyen de manger son fonds avec son revenu, sans risquer de mourir de faim. »

Dans les questions de ce genre, les erreurs peuvent amener de graves conséquences. Des désordres provoqués par des appréciations faites de bonne foi sur d'honnêtes négociants indiqués comme accapareurs ont souvent aggravé les famines.

Ces considérations me sont suggérées par les critiques que l'on fait chaque jour sur ce que l'on appelle les *détournements*.

Lorsque, dans l'exploitation d'un réseau, on met en présence plusieurs Compagnies que l'on empêche de se réunir parce qu'on veut maintenir une concurrence, aucune d'elles ne peut, il me semble, revendiquer des transports comme lui appartenant en propre (¹). Où serait la lutte,

(¹) Dans ce cas, l'expression de *détournement* me paraît mauvaise. Je m'en sers parce qu'elle paraît adoptée.

qui est la raison d'être de la combinaison ? Les Anglais, qui ont adopté ce système, trouvent tout naturel qu'une Compagnie cherche à prendre part à un trafic malgré l'augmentation de parcours que ses lignes peuvent présenter.

Le commerce libre ne se laisse pas arrêter par des considérations de distance. Un fournisseur n'est jamais accusé de déloyauté parce qu'il s'efforce, en concédant divers avantages qui restreignent ses bénéfices, de retenir des clients près lesquels un concurrent est venu s'établir.

Rien ne prouve mieux le vice de l'établissement de Compagnies distinctes dans une même région, que la nécessité où sont les partisans de ce système de laisser la combinaison se dénaturer par des fusions, ou de faire à chaque instant appel à une loyauté mal définie. Ils voudraient qu'une Compagnie concurrente réglât ses tarifs et la marche de ses trains, en balançant, dans une juste mesure, les intérêts de ses rivaux et les siens propres. Ils comprennent parfaitement les avantages que des opérations concordantes assurent au pays, mais, au lieu de poursuivre ce résultat par l'unité d'action, ils prétendent l'obtenir en faisant réagir une morale austère sur l'opposition des intérêts.

Dans les industries ordinaires, il n'est nullement utile que les producteurs concurrents établissent entre eux des correspondances ou une entente quelconque.

Le progrès n'est possible en économie politique que si l'on écoute les enseignements de l'expérience, et qu'on n'impute pas constamment à la malignité des hommes les déconvenues des systèmes, en créant, suivant le besoin, de nouveaux préceptes de morale.

Je sais que beaucoup de personnes pensent que la situation faite, dans notre pays, aux grandes Compagnies leur impose des obligations spéciales. J'examinerai plus loin le rôle que la garantie accordée par l'État peut jouer dans les *détournements*. En ce moment, je me borne à dire que les règles auxquelles je suis arrivé (*Conclusions*, n° 13, page 53) me paraissent dominer la question.

Les administrateurs des Compagnies ont une grande responsabilité morale vis-à-vis des actionnaires, et même des obligataires. Ils ne doivent pas, par des largesses inconsidérées, compromettre l'entreprise dont la direction leur est confiée.

L'histoire des opérations financières qui, chez les divers peuples, ont accompagné la construction et l'exploitation des chemins de fer, contient bien des faits condamnés par les principes les plus certains de la morale. On ne saurait trop les signaler. C'est là, et non dans des questions tout au moins fort douteuses, que les sévérités sont à leur place; c'est dans ces circonstances que les hommes honorables doivent manifester leur opinion pour balancer les acclamations qui accueillent quelquefois des individualités compromises.

C. — Opinion de M. Charles Couche sur les conséquences qu'aurait probablement entraînées l'application en France du système adopté en Angleterre.

La situation décrite par M. Couche n'existe pas dans toutes les parties de l'Angleterre. Le territoire qui occupe la côte orientale depuis la frontière de l'Écosse jusque près de l'embouchure de la Tamise, est divisé par l'Humber et par la baie du Wash en trois parties, dont chacune est maintenant desservie par une seule Compagnie.

Les tarifs sont aussi réduits dans cette région que dans les comtés de l'Ouest et du Sud où l'activité industrielle est plus grande.

Aussitôt que mon article eut paru, je m'empressai d'en adresser un exemplaire à M. Couche. Voici le passage important de sa réponse :

L'étendue de mon sujet ne me permettait guère de faire des excursions en dehors des questions d'art. Si j'ai parfois dérogé à cette règle, c'était pour citer un fait, pour rectifier une erreur, jamais pour développer une thèse ; ce qui répond à ce que tu me reproches, — l'absence d'arguments.

J'ai incidemment rétabli un fait matériel, la concurrence *normale* et non simplement transitoire, comme on le dit si souvent, des chemins de fer anglais. Il me semble que tu combats, non ce que j'ai dit, non l'opinion exprimée par moi, mais celle que tu m'attribues, — avec vraisemblance d'ailleurs.

Je crois assurément que le système anglais était le meilleur pour l'Angleterre. Il est — et ce n'est pas un mince avantage, — conséquent avec le grand principe de la liberté, et le pays était assez fort pour en supporter l'application, même avec ses écarts.

Mais je n'ai jamais dit ni pensé que la France eût été bien inspirée en imitant l'Angleterre. Avec nos éléments tels qu'ils sont .... l'essai eût certainement échoué ; et peut-être notre situation actuelle, — bien qu'il faille, selon moi, un singulier optimisme pour la trouver bonne, — serait-elle pire encore.

On voit que l'opinion de M. Couche et celle que j'ai développée ne diffèrent pas autant que l'on aurait pu être porté à le supposer.

Je ne terminerai pas cette note sans exprimer des regrets pour la mort d'un homme aussi considérable que M. Couche, à un âge où l'on pouvait penser qu'il aurait encore rendu de grands services au pays. L'industrie des chemins de fer est bien récente, et cependant nous avons vu disparaître la plupart des hommes qui ont joué en France un rôle important dans cette grande création : Audibert, Bommart, Busche, Castor, Clapeyron, Eugène et Charles Couche, Déglin, Flachat, Franqueville, Foulon, Houel, Jullien, Lamé, Le Chatelier, Legrand, Maniel, Morandière, Petiet, Perdonnet, Petit, Polonceau, Poirée, Saint-Denis, Sauvage, Seguin, Solacroup, Vuignier, Zeiller; dans un autre ordre, mais à des positions très élevées : Emile Pereire et James de Rothschild. Un grand nombre de ces hommes éminents ont succombé à l'exès du travail.

D. — Sur la détermination de l'utilité d'un chemin de fer et sur la formule de M. de Freycinet.

En Angleterre, lorsque des Compagnies se ruinent, les ouvrages qu'elles ont exécutés ne sont pas rachetés par l'État, et diverses combinaisons les ont bientôt rattachés à d'autres entreprises. Les financiers, bien avertis, hésitent à engager de nouvelles affaires. L'extension du réseau se règle ainsi suivant l'abondance des capitaux et l'activité de l'industrie.

Dans notre pays, l'État construit quelquefois les chemins de fer, et les lignes qu'il fait établir par des Compagnies sont le plus souvent subventionnées et assujetties à un plan d'ensemble. Cette marche est excellente quand on est éclairé par une bonne théorie, mais elle amènerait de grands mécomptes si des appréciations inexactes venaient à prévaloir. Il serait donc de la plus haute importance pour nous d'avoir une méthode qui permît de reconnaître, d'une manière positive, si les avantages que les différents chemins de fer mis en exploitation donnent au pays justifient les dépenses faites pour leur établissement.

Certaines lignes sont surtout utiles pour la défense du territoire et les opérations militaires. Les questions qu'elles soulèvent rentrent complètement dans les problèmes d'appréciation. Je ne parlerai que des avantages commerciaux.

Le procédé le plus généralement employé pour déterminer l'utilité d'une voie de communication est celui dont M. Krantz s'est servi pour le chemin de la Vendée. Il exige beaucoup de prudence, parce que différentes causes concourent au développement industriel d'une contrée, et que, ne pouvant distinguer leurs effets d'une manière certaine, on est porté à attribuer toutes les améliorations à l'établissement de la ligne dont on étudie l'influence.

Quelquefois, on compare les prix que le roulage eût

exigés avec ceux que l'on déduit des résultats réels de l'exploitation, en tenant compte d'ailleurs de l'intérêt des dépenses de construction du chemin. Cette méthode donne des indications utiles, mais ne conduit pas à des conclusions précises. Elle a l'inconvénient de ne pas avoir égard aux avantages qu'un chemin de fer présente pour la célérité et la sûreté des expéditions, et elle confond, comme éléments d'un même calcul, des sommes prélevées par l'impôt sur l'ensemble de la population, avec celles qui sont librement payées pour des transports; or, les premières, laissées aux mains des contribuables, auraient pu, dans de certaines circonstances, être placées d'une manière plus fructueuse.

M. de Freycinet a exposé à la Chambre des députés une théorie qui a été très remarquée et qu'il convient de mettre sous les yeux du lecteur.

C'est l'économie qu'ils permettent de réaliser sur les transports qui fait, au point de vue commercial, le véritable revenu des chemins de fer; or, savez-vous ce que coûtaient les transports avant la création des chemins de fer, et ce qu'ils coûtent encore là où il n'y a pas de chemins de fer pour les marchandises, pour les voyageurs? La dépense est de $0^{fr},30$ par kilomètre, alors que, grâce aux chemins de fer, cette dépense est, en moyenne, de $0^{fr},06$. La communauté réalise donc un bénéfice de $0^{fr},24$ sur $0^{fr},30$; en d'autres termes, la communauté réalise un profit égal à quatre fois le péage du trafic, à quatre fois la recette brute. (*Journal officiel*, 15 mars 1878, page 2906.)

Ces idées ont été acceptées par une commission du Sénat [1], mais plusieurs publicistes les ont combat-

[1] M. Alfred de Foville, dans son ouvrage sur la *transformation des moyens de transport*, développe des raisonnements analogues à ceux de M. de Freycinet.

tues ([1]), et leurs observations ne sont pas sans valeur.

Par suite des sacrifices consentis par l'État ou par les départements sous diverses formes, la tonne kilométrique coûte au pays bien plus de 0^{fr},06 sur les lignes peu fréquentées.

Le raisonnement suppose que l'établissement des chemins de fer n'a pas modifié les itinéraires suivis par les marchandises, ce qui n'est vrai que pour le trafic entre des localités situées sur une même ligne, et nullement quand les points de départ et d'arrivée sont éloignés des stations ou placés sur des lignes différentes.

Si les chemins de fer étaient supprimés, une partie des marchandises qu'ils transportent s'adresseraient à la batellerie et au cabotage, dont les prix seront toujours peu élevés.

Dans la même hypothèse, par suite de la nécessité où se trouvent les agriculteurs et beaucoup d'industriels d'avoir des voitures, certains transports sur route à des distances réduites n'imposeraient pas une grande augmentation de dépense.

Ces diverses considérations me paraissent justes, mais je crois que, même en acceptant les bases du calcul, on ne peut pas admettre que le pays bénéficie de 0^{fr},24 par tonne kilométrique pour la totalité d'un trafic qui s'est développé sous l'influence du prix de 0^{fr},06.

([1]) Voir un article de M. Vauthier, membre du Conseil général de la Seine, dans la *Réforme des Chemins de fer*, 15 janvier 1879 ; les *Observations sur le projet de loi des Chemins de fer d'intérêt local*, par M. Vallée ; *Les Chemins de fer désastreux*, par M. Edouard Boinvilliers ; un article de M. Level dans la *Nouvelle Revue* (1er novembre 1879) ; enfin une étude sans nom d'auteur insérée au *Journal des Économistes* (1er novembre 1879).

Si l'on conçoit que le prix soit successivement élevé à 0fr,08, à 0fr,10, à 0fr,12, chaque augmentation réduira un peu la consommation et diminuera le trafic. Il y a donc une certaine quantité de tonnes que l'on expédie à 0fr,06 et non à 0fr,08, une autre quantité pour laquelle on accepte le prix de 0fr,08 et non celui de 0fr,10 ; pour ces divers groupes, le pays retire du chemin de fer des avantages différents. Le bénéfice est inférieur à 0fr,02 par tonne kilométrique pour le premier groupe, puisqu'on cesse de le faire voyager plutôt que de supporter cette surcharge dans les frais de transport. Pour le second groupe, le bénéfice est compris entre 0fr,02 et 0fr,04 ; il ne s'élève à 0fr,24 que pour le tonnage qui accepterait le prix de 0fr,30.

Les considérations que je viens de développer découlent de la doctrine établie par M. Dupuit sur l'utilité des voies de communication [1]. Elles montrent que, pour la solution du problème, il serait nécessaire de connaître les grandeurs du produit brut qui correspondraient à une série de prix intermédiaires entre 0fr,06 et 0fr,30 et d'ailleurs suffisamment rapprochés. On ne possède jamais ce renseignement d'une manière exacte. Ici, comme dans tous les problèmes d'application, l'économiste rencontre des difficultés qui ne peuvent être levées que par une judicieuse appréciation des circonstances. L'expérience

[1] *De l'influence des péages sur l'utilité des voies de communication.* (*Annales des Ponts et Chaussées*, 1844, 2e semestre, et 1849, 1er semestre). Ces mémoires, un peu oubliés aujourd'hui, ont eu, lors de leur publication, un grand succès parmi les ingénieurs.

M. Varroy a parlé au Sénat de la doctrine de M. Dupuit, en indiquant les résultats qu'il en avait déduits d'après les taxes moyennes des chemins de fer, mais il n'a pas donné les bases de son calcul.

que l'on acquiert chaque jour sur l'influence des bas tarifs pour développer l'activité industrielle d'un pays permettra de resserrer de plus en plus les limites des erreurs.

En résumé, l'importance d'un trafic dépend essentiellement du tarif adopté, et par suite il ne paraît pas possible d'admettre la théorie de M. de Freycinet. Cette théorie aurait les conséquences les plus graves, non seulement pour l'extension du réseau, mais encore pour l'abaissement des prix. Si l'on fixe à 0fr,01 la taxe de la tonne kilométrique, on aura une circulation énorme, et, appliquant à tout ce tonnage un bénéfice de 0fr,29, on trouvera une somme très élevée, qui serait de nature à justifier bien des sacrifices. Sans indiquer un chiffre, je crois pouvoir dire qu'on serait conduit à des réductions exagérées.

E. — Sur les ressources financières de la France à l'origine de l'industrie des chemins de fer.

Toutes les publications faites vers 1840 montrent qu'à cette époque les capitaux mobiles étaient peu abondants dans notre pays.

On lit dans une note de l'ouvrage de M. Bartholony, intitulé : *Du meilleur système à adopter pour l'exécution des travaux publics en France :*

Voici quelle est, au vrai, la situation : la Belgique semblait vouloir verser des capitaux importants dans nos travaux publics; aujourd'hui, elle ne peut plus rien pour nous. Des trois établissements qui avaient soumissionné le chemin du Nord, deux sont en liquidation forcée; le troisième (la Société générale) s'est retiré depuis longtemps, faute d'avoir pu obtenir un minimum d'intérêt de 4 0/0. La Compagnie des chemins de fer de Paris à la mer n'a pas reçu en totalité les premiers 25 0/0 de son capital social, insuffisant de moitié. La Compagnie d'Orléans compte 70 000 retardataires au deuxième versement (celui du 10 mars), bien que les actionnaires en retard soient passibles d'un intérêt de 5 0/0.

La Compagnie de Versailles, rive gauche, a interrompu ses travaux à son grand préjudice, faute de trouver 5 millions à emprunter. Enfin, les actions du chemin de fer de Strasbourg à Bâle perdent 55 0/0 des versements effectués.

C'est à grand'peine si toutes les Compagnies de chemins de fer réunies ont reçu 80 millions effectifs.

25 avril 1839.

Le manque de confiance dans l'avenir des chemins de fer n'était pas étranger à la situation que la note de M. Bartholony fait connaître. On ne peut en douter quand on voit, dans l'important ouvrage que M. Isaac Pereire vient de publier, qu'en 1843 les principaux banquiers de Paris, ayant à leur tête la maison Rothschild, ont refusé d'accepter la concession du chemin de fer de Paris en Belgique, pour une durée de quatre-vingt-dix-neuf ans, avec l'abandon gratuit de tous les travaux du chemin, à titre de subvention, la voie et le matériel roulant restant seuls à leur compte.

Toutefois, si les capitaux avaient été abondants, des entreprises d'une autre nature se fussent formées; or, les grandes affaires industrielles n'ont été que la conséquence du développement des chemins de fer, et de leurs résultats avantageux pour le pays et pour leurs actionnaires.

F. — Sur les mesures exceptionnelles prises en Angleterre pour combattre les abus dans l'exploitation des chemins de fer.

En Angleterre, les désordres causés par le manque d'unité dans l'exploitation ne pouvaient manquer d'attirer l'attention des pouvoirs publics. Après quelques mesures qui n'avaient eu qu'un succès douteux, le Parlement a établi, en 1873, sous le nom de *Commission des chemins de fer*, un tribunal chargé d'assurer l'exécution des dispositions législatives qui fixent les obligations des Compagnies.

Dans certains cas, la Commission rend de véritables arrêts; dans d'autres, elle prononce sur l'interprétation des traités, comme pourraient le faire des arbitres.

Sa durée, d'abord fixée à cinq années, a été prorogée.

L'étendue des pouvoirs de la Commission et l'importance des résultats qu'elle a obtenus sont maintenant parmi nous l'objet d'une polémique d'un grand intérêt [1]. Ce qui est certain, c'est que le Parlement a reconnu que les désordres étaient assez graves pour qu'il fût nécessaire de les combattre par des mesures exceptionnelles.

[1] *Note sur les rapports de l'État avec les Compagnies de chemins de fer en Angleterre*, par M. Cavaignac (*Annales des Ponts et Chaussées*, août 1879); *l'État et les Chemins de fer en Angleterre*, par M. Ch. de Franqueville, 1880.

G. — Sur la décision prise relativement au tracé du chemin de fer de Saint-Nazaire à Châteaubriant.

Lorsque l'enquête d'utilité publique sur le tracé du chemin de fer de Saint-Nazaire à Châteaubriant a été ouverte, j'ai mis sur le registre une note qui mentionnait le dépôt d'un exemplaire de l'article que j'avais publié, et qui contenait en outre diverses observations tendant à établir que la direction par Savenay est préférable pour les intérêts locaux.

Une loi, promulguée le 18 juillet 1879, a déclaré l'utilité publique de la ligne suivant le tracé demandé par le Conseil général, et a pris acte du vote d'une subvention de 20000^{fr} par chaque kilomètre à construire (1).

Ce résultat était prévu, car la Chambre de commerce de Nantes, le Conseil municipal de Saint-Nazaire et la Commission d'enquête s'étaient prononcés pour le tracé par Pontchâteau, que, dans le pays, on appelle *direct*, bien que la différence de parcours soit sans importance.

La question concerne particulièrement le département de la Loire-Inférieure; cependant, comme elle donne un exemple des tracés essentiellement différents auxquels on est conduit suivant la doctrine économique que l'on

(1) Le Ministre des Travaux publics avait fait savoir qu'il ne mettrait à l'enquête le tracé par Pontchâteau que si le département accordait une subvention égale à la moitié de l'augmentation de dépense.

Le vote du Conseil général pour un fonds de concours de 20000^{fr} concerne non seulement le chemin de Saint-Nazaire à Châteaubriant, mais encore celui de Nantes à Segré, à la condition qu'il sera complètement indépendant des lignes de l'Orléans.

La subvention totale s'élève à 2600000^{fr}.

adopte, j'ai maintenu dans cette réimpression le paragraphe qui lui est relatif. D'ailleurs, de quelque manière que la solution à laquelle on s'est arrêté doive être appréciée plus tard, il est utile que les pièces de la discussion soient conservées.

Le Parlement n'a pas envisagé la question tout à fait de la même manière que le Conseil général de la Loire-Inférieure [1]. Cette circonstance aurait pu m'engager à présenter quelques nouvelles observations, mais je crois plus convenable de ne pas prolonger la discussion. Sous le rapport de l'exécution du chemin, la question est tranchée; au point de vue scientifique, elle reste entière, et elle sera nécessairement reprise lorsque les conséquences des mesures adoptées pourront être appréciées d'une manière certaine. Elle ne présente, en ce moment, que peu d'intérêt.

[1] *Voir* les Rapports à la Chambre des députés et au Sénat. (*Journal officiel*, 16 juin 1879, p. 5241, et 15 juillet 1879, p. 6778.)

DEUXIÈME PARTIE

LES

CHEMINS DE FER RACHETÉS

LES

CHEMINS DE FER RACHETÉS [1]

L'État vient de racheter les lignes de diverses Compagnies tombées en détresse, et il organise un service d'exploitation. Je me propose de présenter quelques considérations sur ce fait très grave à tous les points de vue; je rappellerai d'abord les circonstances qui l'ont amené.

Historique rapide des circonstances qui ont amené le rachat.

En 1876, la Compagnie des Charentes, après avoir épuisé tous les moyens de prolonger son existence, vendit son réseau à la Compagnie d'Orléans, et en obtint immé-

(1) Le Conseil général de la Loire-Inférieure ayant refusé son approbation au traité passé par le ministre des Travaux publics avec la Compagnie des chemins de fer nantais pour le rachat de son réseau, je préparai une note pour établir que cette résolution était préjudiciable aux intérêts du département; mais, avant la publication de mon travail, la situation se trouva modifiée par la décision qui fut prise de ne pas avoir égard à l'opposition faite par quelques conseils généraux au sujet des chemins de fer d'intérêt local.

Je dus alors supprimer une assez grande partie de mon article. Je le reproduis tel qu'il a été publié en 1878 dans la *Revue de Bretagne et de Vendée*.

diatement des sommes qui lui étaient indispensables; mais la ratification des pouvoirs publics était nécessaire.

Le 1er août 1876, M. Christophle, ministre des travaux publics, déposa sur le bureau de la Chambre des députés un projet de loi pour approuver le traité passé entre les deux Compagnies, et pour incorporer au réseau d'Orléans divers autres chemins dont les concessionnaires étaient impuissants à remplir vis-à-vis des populations la tâche imposée par les actes de concession.

Ce projet fut longuement étudié par une Commission, qui conclut au rejet, et proposa à la Chambre de voter une résolution ainsi conçue :

Le Ministre des Travaux publics est invité à déposer, dans le plus bref délai, un projet de loi ayant pour objet d'assurer le service des lignes comprises dans la convention, et de celles qui les complètent, soit par la constitution de réseaux distincts et indépendants, soit au moyen du rachat par l'État et de l'exploitation par des Compagnies fermières, en appliquant comme base du rachat les dispositions de l'article 12 de la loi du 23 mai 1774, conformément à l'avis adopté par le Conseil d'État, dans les séances des 20 et 21 décembre 1876.

Le Ministre tiendra compte du double besoin qui incombe à l'État d'assurer à l'avenir la construction et l'exploitation des lignes reconnues nécessaires et de faire disparaître les inégalités et l'arbitraire des tarifs.

Le 22 mars 1877, la Chambre adopta une résolution différente, présentée comme amendement, par M. Allain-Targé, et dans laquelle on trouve les bases assez vagues d'un nouveau projet de loi que le ministre était invité à présenter. En voici le texte :

1° Application au rachat des lignes qui cesseraient d'être exploitées par leurs premiers concessionnaires, des dispositions de la loi du 23 mars 1874, c'est-à-dire rachat au prix réel, déduction faite des subventions primitivement accordées pour la construction ;

2° Concentration de toutes les lignes à grand trafic d'une même région sous une même administration, de telle sorte qu'il ne puisse s'établir, aux dépens de l'État, une concurrence ruineuse pour le trésor public, pour les exploitants et bientôt pour les populations elles-mêmes, entre les lignes subventionnées par l'État ;

3° Établissement de garanties sérieuses et de règlements qui assurent à l'État l'exercice permanent de son autorité sur les tarifs et le trafic, et qui offrent aux intéressés les moyens de faire parvenir officiellement à l'Administration leurs réclamations ;

4° Réserve absolue du droit de l'État d'ordonner, à toute époque, et sans atteindre la situation financière réservée par les contrats, la construction des lignes nouvelles qu'il jugera nécessaire de joindre au réseau de la région ;

5° Pour le cas où la Compagnie d'Orléans refuserait de traiter sur les bases qui viennent d'être indiquées, constitution d'un septième grand réseau de l'Ouest et du Sud-Ouest exploité par l'État.

On voit que la résolution proposée par la Commission et celle qui a été adoptée par la Chambre recommandent l'application de l'article 1? de la loi du 23 mai 1874. D'après cet article, quand l'État veut entrer en possession d'un chemin de fer exploité depuis moins de quinze ans, et dont par suite on peut penser que le trafic n'a pas pris tout son développement, il doit le payer d'après le prix réel de premier établissement, et non d'après l'importance des recettes.

Si la Chambre s'était prononcée dans un projet de loi pour l'application de cette mesure, le Sénat aurait eu à examiner la question avant la mise à exécution ; mais comme il n'y avait qu'une simple résolution, et qu'en apparence au moins, aucun engagement n'était pris, les opérations ont été commencées immédiatement.

Le 31 mars 1877, le Ministre des Travaux publics, agissant au nom de l'État et sous la réserve de l'approbation par une loi à intervenir, traita avec la Compagnie des Charentes pour l'achat de son réseau, d'après le prix de premier établissement, et arrêta, d'accord avec elle, le choix des arbitres.

Des conventions semblables furent successivement passées avec neuf autres Compagnies. Le changement de ministère, arrivé le 16 mai, ne modifia nullement la marche de cette affaire : le traité conclu avec la Compagnie d'Orléans à Rouen est du 12 juin 1877.

La commission arbitrale, qui était la même pour toutes les lignes, rendit successivement ses sentences : la première est du 16 septembre, et la dernière du 7 décembre. Ces actes, impatiemment attendus dans le monde financier, furent publiés sans retard et amenèrent un certain déplacement de titres.

Le Sénat eût pu intervenir de différentes manières pendant le mois d'avril : il ne le fit pas. Les critiques qui ont paru dans la presse n'ont eu que peu de retentissement. Soit que le pays, entraîné dans des discussions politiques, fût moins attentif aux affaires, soit qu'il approuvât, nous avons vu se dérouler une longue série de faits sans qu'aucune opposition sérieuse se manifestât.

Les pouvoirs publics ne doivent pas discréditer l'Administration, et quand, sur l'invitation de l'une des deux assemblées législatives, des actes ont été accomplis avec publicité par des ministres appartenant à des partis opposés, il serait regrettable que les mesures préparées ne fussent pas acceptées dans leurs dispositions essentielles. Je regarde donc que, lorsque l'affaire est venue, en 1878, devant le Parlement, l'approbation des sentences arbitrales s'imposait comme une nécessité.

On lit dans le rapport fait par M. Sadi Carnot à la Chambre des députés :

Le prix de rachat... s'élève en nombre rond, capital et intérêts, à 266 millions; les travaux, dont l'achèvement est réservé aux Compagnies rachetées, sont estimés 67 millions; et les dépenses que fera directement l'État pour achever ou construire les autres lignes rachetées sont évaluées à la somme de 167 millions.

Les charges que s'impose l'État se chiffrent donc à 500 millions environ pour 2615^{km}, ce qui fait ressortir le prix du kilomètre terminé, matériel compris, à un peu moins de 200 000^{fr}.

Il est possible que ce prix, considéré comme représentation de la dépense faite et non comme expression de la valeur, ne soit pas élevé; mais je dois faire remarquer que plusieurs des lignes ont été tracées en vue de concurrences à établir, et que, par suite, on a cherché à les mettre dans une indépendance complète des réseaux voisins. Cette sujétion conduit à donner aux chemins un développement inutile, qui, fût-il obtenu à bon marché, est toujours trop cher; à multiplier les ouvrages d'art à l'approche des villes; à élever des gares distinctes; à faire, en un mot, des dépenses exagérées. Comme d'ailleurs les autres préoccupations sont reléguées au second rang, les dispositions adoptées laissent nécessairement à désirer sous le rapport des facilités de l'exploitation. Dans l'étude que j'ai publiée sur le tracé du chemin de Châteaubriant à Saint-Nazaire, j'ai cherché à faire ressortir ce point important.

Si l'État avait construit les lignes, et qu'il les eût faites en dehors de toute idée de concurrence, je regarde comme infiniment probable que certaines d'entre elles seraient meilleures et coûteraient moins cher.

J'ai dit que l'approbation des sentences arbitrales était une nécessité, mais la question de l'exploitation restait entière, et le Parlement pouvait librement choisir entre les systèmes proposés : la rétrocession aux Compagnies régionales, la constitution d'un septième réseau, la remise des chemins à des Sociétés fermières, ou une régie au compte de l'État.

Les lignes rachetées comprennent :

1° Divers chemins provenant de sept Compagnies et disséminés sur le territoire desservi par le réseau d'Orléans; leur longueur est de 1750^{km}, dont 1022 sont en exploitation;

2° Une ligne d'Orléans à Châlons, de 293^{km} de longueur, actuellement en exploitation; elle rencontre à Troyes et à Châlons les deux grandes lignes du réseau de l'Est, à Montargis et à Sens les deux chemins de Paris à Lyon;

3° Un petit réseau appelé *Orléans à Rouen;* ses lignes sont enchevêtrées avec celles de l'Ouest, et s'étendent jusqu'à Orléans : la longueur totale est de 351^{km}, dont 193 sont en exploitation;

4° Enfin, un chemin de Clermont à Tulle, allant des lignes de la Méditerranée à celles de l'Orléans, et coupant la plus grande des mailles du réseau français. Ce chemin, d'une longueur de 221^{km}, n'a aucune partie exploitée.

On voit que les lignes rachetées s'entrecroisent avec celles de quatre des six principales Compagnies, qu'elles s'étendent à de grandes distances les unes des autres, et qu'elles sont, sous tous les rapports, dans des conditions très diverses.

Discussion au Sénat sur l'exploitation des chemins rachetés.

Maintenant, pour faire connaître les considérations qui ont conduit à l'exploitation par l'État des lignes rachetées, je vais rapporter, d'après le *Journal officiel*, une partie du discours prononcé au Sénat par M. de Freycinet.

M. le Ministre des Travaux publics. — Je le déclare avec une autorité particulière, parce que je parle, non plus au nom du Ministre des Travaux publics, mais au nom du Gouvernement tout entier, je déclare que l'idée de racheter les grandes Compagnies, et de les exploiter, n'a pas, un seul instant, été effleurée dans nos conversations. Je crois que si un seul d'entre nous avait émis cette idée, on l'aurait regardé avec étonnement. Quant à cette collection de lignes que nous allons racheter... je vous affirme que sur ce point là encore, jamais nous n'avons envisagé l'éventualité d'une exploitation définitive. Jamais il n'en a été question....

Maintenant, vous me dites : Puisque vous êtes disposé à rétrocéder ces lignes à une Compagnie, pourquoi ne le faites vous pas de suite? pourquoi n'apportez-vous pas ici une convention?

M. le baron de Larcinty. — C'est impossible.

M. le Ministre des Travaux publics. — C'est ce qu'on m'a dit, et je crois que quelques-uns de nos collègues le pensent; je suis convaincu que, dans leur pensée, quelques-uns se disent : Pourquoi n'apporte-t-il pas une convention toute faite, puisqu'il a l'intention de rétrocéder ces lignes à une Compagnie, celle d'Orléans, par exemple ?...

M. le baron de Lareinty. — C'est cela !

M. le Ministre des Travaux publics. — Mais, Messieurs, est-ce que vous croyez qu'il soit facile d'apporter ici une convention qu'il sera possible de faire accepter immédiatement par les deux Chambres ? Est-ce que vous ne vous rappelez pas que, l'année dernière, la Chambre des députés a écarté complètement, absolument, la rétrocession des lignes en question à la Compagnie d'Orléans ?

Est-ce qu'elle l'a fait par caprice, par fantaisie ? Est-ce que c'est une idée qui l'a prise tout d'un coup ? Est-ce que c'est pour satisfaire une sorte de lubie qu'elle a refusé cette rétrocession à la Compagnie d'Orléans ?

Mais, en 1875, l'honorable M. Caillaux, qui est devant moi, a apporté ici un projet sur lequel il a clairement indiqué son sentiment, il vous a dit : J'aurais voulu incorporer les Compagnies des Charentes et de la Vendée dans le réseau d'Orléans ; je ne l'ai pas pu, le sentiment des populations m'en a empêché.

M. le baron de Lareinty. — C'est vrai encore aujourd'hui.

M. le Ministre des Travaux publics. — Si je vous lisais les délibérations des conseils généraux des départements de la région....

Voix à droite. — Lisez !

M. le Ministre des Travaux publics. — Je pourrais vous en citer dix ou douze qui ont voté des délibérations d'une énergie extraordinaire contre cette incorporation.

M. le baron de Lareinty. — Oui, parfaitement !

M. le vicomte de Pelleport-Burète. — C'est vrai.

M. le Ministre des Travaux publics. — Le département même de l'honorable sénateur qui m'interrompt, le département de la Gironde.

M. le vicomte de Pelleport-Burète. — Et la ville de Bordeaux en tête.

M. le Ministre des Travaux publics. — Et vous voulez que nous, gouvernement, nous ne tenions pas compte de ces manifestations, même quand nous sommes convaincus qu'elles reposent sur un préjugé, même si nous sommes convaincus que les départements et que les Chambres de commerce ont tort au fond! Nous sommes obligés, nous, gouvernement, de tenir compte de l'opinion publique et de remettre au temps le soin de l'éclairer. (Approbation à gauche.)

Nous ne sommes pas un gouvernement despotique, nous n'avons pas le droit d'imposer à des contrées qui, en somme, paient l'impôt avec lequel ces entreprises sont faites, de leur imposer des solutions contre lesquelles elles protestent avec cette énergie, et contre lesquelles l'honorable M. Caillaux lui-même n'a pas osé s'engager, et que M. Fourcand constatait avec un talent que vous vous rappelez.

L'honorable M. Fourcand, dans le rapport remarquable qu'il a rédigé au nom de la Commission de l'Assemblée nationale, car il existe un rapport dans lequel ces protestations sont consignées...

M. le baron de Lareinty. — Parfaitement!

M. le Ministre des Travaux publics. — ... L'honorable M. Fourcand a déclaré au nom de la Commission de cette Assemblée nationale dont certainement vous respectez les souvenirs et les traditions, il a dit au nom de cette Commission : « Nos contrées se sont émues; elles ont protesté énergiquement à la seule pensée que cette incorporation aurait lieu. »

M. le baron de Lareinty. — Et elles protesteraient encore!

M. le Ministre des Travaux publics. — Cela veut-il dire que cette incorporation ne sera jamais possible? Non, je ne le pense pas; je crois qu'il faut laisser au temps le soin de calmer les passions et d'éclairer les préjugés là où ils existent. (Très bien! très bien! à gauche.)

On ajoute : Vous pourriez constituer un septième réseau. Messieurs, je ne dis pas que la chose soit impossible, elle est peut-être faisable. Je ne le nie pas.

M. le baron de Lareinty. — Il faut l'espérer!

M. le Ministre des Travaux publics. — Mais est-ce que vous croyez que la constitution d'un septième réseau entre la Compagnie d'Orléans et celle de l'Ouest puisse s'improviser en un jour? Est-ce que vous croyez que je puisse prendre ces lignes telles qu'elles sont et faire un nouveau réseau entre ces deux Compagnies? Mais il ne vivrait pas vingt-quatre heures!

Pour faire un réseau entre ces Compagnies, il faut faire un échange de lignes entre ces Compagnies et celles que l'on rachète. Il faut prendre à l'Ouest certaines lignes et lui en donner certaines autres; il faut prendre à l'Orléans également certaines lignes et lui en donner d'autres; en un mot, il faut découper entre ces deux réseaux une zone indépendante, et il y a là, vous le comprenez, un remaniement des conventions, des cahiers des charges, une étude générale des dépenses, des recettes, des tarifs, qui n'est pas l'œuvre d'un jour.

En résumé, Messieurs, nous vous apportons un projet que nous ne pouvions pas nous dispenser de vous présenter parce qu'il était voulu par la Chambre des députés... il était voulu par vingt-cinq départements intéressés, voulu aussi par l'opinion publique, qui est lassée, fatiguée de ces discussions incessantes sur les chemins de fer des Charentes et de la Vendée, de ces affaires malheureuses qui encombrent le Parlement depuis dix ans. Car il y a dix ans que cette affaire se déroule devant le Parlement. L'opinion publique demande qu'on en finisse une bonne fois avec les Compagnies des Charentes et de la Vendée, et ces Compagnies secondaires en détresse.

Nous ne méconnaissons pas, comme je l'ai dit, les défauts de ce projet de loi....

On voit que M. de Freycinet, comme ses prédécesseurs MM. Caillaux, Christophle et Paris, comme M. Rouher, qui a fait connaître son opinion à la Chambre des députés, regarde que l'incorporation aux grands réseaux des lignes dont les Compagnies sont en détresse, serait la solution de la difficulté; mais il pense que le Parlement refuserait de voter cette mesure. Étranger au monde politique, je ne peux prononcer sur cette opinion, et je me borne à dire qu'elle ne manque pas de vraisemblance, en ce qui touche la Chambre des députés.

Ce que le ministre a dit des sentiments manifestés par les Conseils généraux et les Chambres de commerce n'est certainement pas au delà de la vérité. Les personnes qui ont eu à discuter ces questions dans les assemblées électives des départements intéressés, ou même dans de simples réunions, savent quelle est la vivacité de l'opposition contre l'extension du réseau d'Orléans ([1]).

Les questions d'affaires sont, en général, considérées comme étrangères à la politique : on voit les hommes des partis les plus opposés se réunir sur ce terrain, et y marcher avec une égale ardeur. Dans nos provinces, la presse, organisée en vue des luttes politiques, est quelquefois surprise par ces unions ; elle hésite et laisse produire sans contradiction les opinions économiques les plus contestées. Pendant que certains journaux s'efforcent d'exalter les esprits, les autres s'expriment avec réserve et aucune controverse ne s'établit ([2]).

Une grande partie de la population ne lit que les journaux des départements, et ceux-là seuls d'ailleurs s'occupent des chemins de fer au point de vue spécial des localités. Que peut penser un homme éclairé, mais qui, au préalable, n'a pas fait une étude sérieuse de ces problèmes

([1]) Il s'agit d'un certain milieu, car je crois que l'opinion est différente dans la masse de la population. Je suis en relation directe avec les habitants des deux rives de la basse Loire, et je crois que la plupart d'entre eux verraient avec une vive satisfaction remettre à la compagnie d'Orléans les chemins de Nantes à Paimbœuf et de Saint-Nazaire au Croisic. Du reste, la Chambre de Commerce de Nantes ne repousse pas la rétrocession de la seconde de ces deux lignes.

D'autres parties du département de la Loire-Inférieure me sont bien connues, et je regarde comme certain que la théorie des Compagnies concurrentes n'y est pas universellement acceptée.

([2]) Il y a des exceptions. *L'Écho dunois* a publié une série de lettres dans lesquelles M. Vallée, ingénieur en retraite, critiquait vivement les mesures prises par le Conseil général d'Eure-et-Loir pour la création d'un réseau d'intérêt local.

La Compagnie concessionnaire est maintenant en faillite.

difficiles, lorsqu'il voit des journaux, habituellement opposés les uns aux autres, ne pas entrer en lutte sur des questions si importantes pour le pays? lorsqu'il lit dans de nombreuses publications qui, pour lui, restent sans opposition, des discours plus ou moins vifs sur le *monopole*, le *progrès*, la *féodalité financière*, les *réseaux distincts et indépendants*, la *libre concurrence* et la *lance d'Achille*, le *détournement du trafic*, l'*investissement des villes* par les Compagnies, les *prolongements nécessaires*...? Chacun de ces mots finit par lui paraître un argument irréfutable ; il croit que la doctrine des réseaux de région ne peut être soutenue que dans l'intérêt des grandes Compagnies ; qu'en réalité tout le monde est d'accord, et que la résistance vient seulement d'un petit nombre d'ignorants et de quelques vendus qui travaillent dans l'ombre, osant à peine élever la voix.

On conçoit comment les plus étranges illusions peuvent se produire. Il y a deux ou trois ans, j'entendais dire que la Commission extra-parlementaire des chemins de fer avait mis à néant toutes les objections; que les Conseils généraux allaient avoir le droit de déclarer l'utilité publique des lignes qu'ils concèdent ; que des entrepreneurs de Belgique ou d'ailleurs viendraient montrer les merveilles que la libre concurrence peut produire dans l'industrie des chemins de fer, etc.

Aujourd'hui, la confiance a diminué, mais l'irritation est plus vive.

Une opinion n'a de valeur scientifique que par les raisonnements qui l'appuient; mais, sous quelque régime que l'on se trouve, un gouvernement aurait le plus grand tort de ne tenir aucun compte de désirs manifestés avec énergie et persistance par des Conseils qui sont les organes légaux des populations. Eu égard à l'opinion qui existe dans une partie du Parlement et dans les assemblées électives de la région de l'Ouest, je crois qu'il était difficile de rétrocéder immédiatement les lignes rachetées aux grandes Compagnies.

Formation d'un septième réseau. Considérations générales sur la composition des réseaux et sur les lignes concurrentes.

M. de Freycinet a parlé de la création possible d'un septième réseau, qui serait formé, non de l'ensemble des chemins rachetés, mais de lignes occupant une zone indépendante, et dont la réunion exigerait des changements aux concessions de l'Orléans et de l'Ouest. Ce serait un réseau régional analogue à ceux qui existent maintenant.

Beaucoup de bons esprits pensent que les réseaux français sont trop étendus. M. Krantz a indiqué la longueur de 2000km comme « la limite de ce que l'on peut convenablement gérer avec les formules habituelles des grandes Compagnies. » Cette question est une de celles sur lesquelles la Commission d'enquête nommée par le Sénat a porté ses recherches (1).

(1) La question de l'étendue des réseaux n'est pas nouvelle : M. Bergeron l'a traitée dans un Mémoire qui a été imprimé avec les pièces de l'enquête de 1863. — Cette discussion rappelle la dissertation de Rousseau sur la meilleure étendue des États (*Contrat social*, l. II, c. IX). Or, quel qu'en soit l'intérêt, l'expérience prouve que les petites principautés et les grands empires peuvent, les uns et les autres, à l'aide de formules différentes, être bien administrés et prospérer (1880).

Il est utile que le nombre des réseaux ne soit pas trop réduit, afin que d'utiles rivalités soient mises en jeu, et que les hommes qui ont de l'ardeur et de l'initiative puissent plus facilement arriver à des positions importantes et faire servir au bien du pays leurs précieuses facultés ; mais je ne crois pas que, pour l'étendue, on doive chercher une limite dans la longueur des lignes ou dans l'importance des affaires. Les difficultés qui résultent de ces circonstances sont aisément résolues par une bonne division du travail.

Un réseau doit être établi de manière à posséder un nombre suffisant de lignes productives dont le trafic ne puisse être détourné, et à ne pouvoir détourner le trafic des lignes productives des Compagnies voisines. Ces conditions exigent qu'il occupe une région commerciale bien définie. Lorsqu'elles sont satisfaites, un réseau, même en n'ayant qu'un développement restreint, peut prospérer et entretenir de bonnes relations avec les administrations des chemins qui l'entourent. La crainte des encombrements serait le seul motif qui pourrait conduire à augmenter son importance.

En France, les chemins de fer n'ont pas, comme en Angleterre, la faculté d'élever temporairement leurs prix, et, par suite, l'exploitation des lignes où les transports varient beaucoup présente de grandes difficultés. Cet inconvénient est atténué par l'étendue du réseau, une Compagnie qui possède un matériel considérable pouvant faire plus facilement des concentrations.

Je chercherais à développer ces diverses considérations et à en montrer les conséquences, si le passé n'engageait pas l'avenir pour une assez longue période. Je crois qu'on aurait pu établir en France, avec avantage, un plus grand nombre de régions desservies par des réseaux distincts, mais il me paraît actuellement difficile d'en accroître le nombre.

M. Christophle, alors ministre des Travaux publics, a dit à ce sujet dans la discussion de la loi qu'il avait présentée pour la solution de la question des Charentes :

« Nous sommes bien obligés de subir les faits tels qu'ils sont; il ne nous est plus possible aujourd'hui de réduire le réseau de la Compagnie d'Orléans; nous ne pouvons pas lui reprendre une partie de ses concessions, et sous le prétexte que l'on aurait pu faire, à l'origine, mieux que l'on a fait, il est évident que nous n'avons pas le droit d'imposer de pareils sacrifices à la Compagnie d'Orléans. »

Ces considérations me paraissent justes, en tant qu'elles s'appliquent au retranchement d'une partie appréciable du réseau. Les conventions ne prévoient pas les rachats partiels, et l'on ne voit pas clairement sur quelles bases on pourrait établir un arrangement équitable. La question est très compliquée; il est peu probable qu'un accord s'établisse librement, et c'est une chose grave que d'imposer de nouvelles conditions à une Compagnie concessionnaire.

L'État a racheté une partie du réseau de l'Est : une implacable nécessité l'exigeait. Les difficultés que la discussion a fait ressortir montrent combien les opérations de ce genre sont délicates.

Dans tous les cas, un septième réseau, établi sur une zone indépendante, ne satisferait nullement les désirs exprimés par les Conseils généraux et les Chambres de commerce. Les villes situées sur son territoire se regarderaient comme aussi complètement *investies* que lorsqu'elles étaient dans le réseau de l'Orléans ou dans celui de l'Ouest. Il en serait de même de celles qui se trouveraient à la limite, car chaque direction ne serait desservie que par un réseau. La ville de Bordeaux, qui est atteinte par les lignes de plusieurs Compagnies occupant des régions distinctes, exprime les mêmes opinions que Nantes.

Ce que l'on demande, c'est un réseau qui soit formé de lignes entrelacées avec celles de l'Orléans, afin que dans un certain nombre de localités on puisse choisir entre les deux Compagnies. M. de Freycinet affirme qu'un semblable réseau ne vivrait pas vingt-quatre heures. Admettons qu'il se trompe, ou bien supposons que l'État accorde à la nouvelle entreprise des avantages assez considérables pour que son existence soit assurée : elle traitera avec l'Orléans et l'*investissement* sera rétabli (¹). Des situations analogues se sont présentées dans un grand nombre de pays, et la solution a toujours été la même. M. Lemercier, président du Conseil d'administration des Charentes, n'a pas hésité à dire dans sa déposition à la Commission d'enquête nommée par le Sénat : « Le jour où nous aurions eu le moyen de vivre, nous nous serions entendus très bien et très vite avec la

(¹) On attribue quelquefois les traités conclus entre deux Compagnies à des causes particulières qu'il aurait été possible d'éviter ou de neutraliser. Tous les faits montrent que cette opinion est erronée, et que deux Compagnies, qui peuvent se disputer un même trafic, s'entendent toujours et ne laissent subsister qu'une concurrence de bons procédés. La difficulté de régler les conditions empêche quelquefois l'accord d'être immédiat, mais ne prolonge jamais longtemps la lutte.

Compagnie d'Orléans. » (Séance du 26 janvier 1878.) Ainsi le résultat final pour le pays serait d'avoir deux Compagnies liguées, ce qui présente un inconvénient réel qu'aucun avantage ne compense.

Lorsqu'une Compagnie exploite deux lignes concurrentes [1], elle répartit les transports de la manière la plus convenable pour diminuer les frais, tandis que deux entreprises distinctes sont dirigées par des considérations d'une autre nature. M. Allain-Targé a entretenu le Conseil supérieur des voies et communications de cette question, dans la séance du 28 février 1878. Il a fait remarquer que, par suite d'un traité conclu entre l'Orléans et l'Ouest, les marchandises expédiées de Nantes à Paris passent par la ligne la plus longue, celle de Tours, et qu'il doit en résulter une augmentation de dépense [2]. Des circonstances de la même nature se présentent toujours lorsqu'un trafic est partagé entre plusieurs réseaux.

La Compagnie d'Orléans possède, de Paris à Tours, deux lignes entre lesquelles elle répartit le trafic dans des proportions très inégales : le produit brut kilométrique est de 93 300fr sur le chemin qui passe à Orléans, et de

(1) Paris à Bordeaux par Poitiers et par Limoges, à la Compagnie d'Orléans; Paris à Lyon par Dijon et par Moulins, à la Compagnie de la Méditerranée, etc.

(2) M. Allain-Targé pense que le traité est onéreux pour le Trésor; mais l'action du gouvernement dans les questions de ce genre est dominée par des considérations d'équité, dont les conséquences indirectes ont plus d'influence pour la prospérité du pays que les petites circonstances économiques qu'on peut être conduit à leur sacrifier.

A Nantes, on a cru pouvoir établir, sans discuter les tarifs, que les dispositions adoptées pour les transports entre Angers et Paris étaient préjudiciables au commerce. Je crois qu'il y a là une question de fait qui ne peut être résolue que par la comparaison des prix perçus, avec ceux que l'on demande sur les directions où il n'existe pas de Compagnies divergentes, et qui sont, sous les autres rapports, dans des conditions analogues.

11 300fr sur celui du Vendômois ([1]). Une Compagnie spéciale qui posséderait ce dernier ne se contenterait certainement pas du tonnage réduit qu'il transporte actuellement, et un traité sur des bases voisines de l'égalité serait bientôt conclu avec l'Orléans : mais alors il faudrait établir une seconde voie sur une longueur de 195km, ouvrir aux chemins des entrées distinctes, tant à Tours qu'à Paris, et perdre l'économie qui résulte de l'usage en commun des gares construites dans ces villes et de la section de 50km de Brétigny à Paris.

Ainsi, une augmentation considérable dans les dépenses de premier établissement et dans les frais d'exploitation, puis une répartition artificielle du trafic : voilà les résultats que l'on obtient par l'établissement de réseaux distincts et indépendants, pour des directions concurrentes.

Je dois ajouter qu'une Compagnie cherchera toujours avec plus d'empressement à développer le commerce dans une ville qu'elle *investit*, que dans celles dont le trafic lui échappe en partie. On trouve sur cette question un renseignement important dans la déposition faite à l'enquête sénatoriale par M. Alfred Le Roux, président du Conseil

([1]) Il y a ici une erreur. On voit dans l'Exposé des motifs du projet de loi déposé à la Chambre des députés par M. Varroy pour le rachat d'une partie du réseau de l'Orléans, que la Compagnie attribue à la ligne qui passe à Orléans toutes les recettes du trafic entre les gares de Paris et de Tours, dans les deux directions. Il résulte de là que le produit brut de 11 300fr par kilomètre ne correspond qu'au trafic des gares intermédiaires sur la ligne de Vendôme. L'exemple que j'ai cité a donc moins d'importance que je ne le supposais.

Les deux chemins de Paris à Tours appartiennent à l'ancien réseau, et par suite la mauvaise indication des recettes n'altère pas les résultats généraux qui servent au règlement des comptes; mais il est regrettable que des renseignements statistiques communiqués au public présentent des données inexactes (1880).

d'administration de la Compagnie de l'Ouest. (Séance du 2 février 1878.)

Développer l'activité de la circulation, ne pas craindre d'engager dans une mesure juste et sage des dépenses qui, improductives pendant les premières années, deviendront progressivement rémunératrices, c'est là évidemment l'intérêt du pays, du gouvernement et des grandes Compagnies.

C'est dans ce but que la Compagnie de l'Ouest a entrepris au Havre des travaux considérables pour fortifier la situation commerciale de notre grand port, aussitôt qu'elle put être assurée que le bénéfice ne tomberait pas en d'autres mains que les siennes.

On ne peut pas avoir pour système de faire exploiter certaines lignes par des Compagnies en détresse, qu'on remplacerait au fur et à mesure qu'elles succomberaient. — Qu'y gagnerait-on, d'ailleurs? — Les Compagnies dont l'avenir est assuré règlent invariablement par des traités les questions où elles peuvent se trouver en divergence; on est donc fatalement conduit aux réseaux de région. C'est une loi que l'expérience a fait reconnaître.

En général, la concurrence s'établit d'elle-même dans l'industrie, et un monopole ne peut exister qu'autant qu'il est constitué et maintenu par le législateur. Les chemins de fer présentent des résultats tout autres : les fusions spontanées, les accords sous diverses formes, y créent le monopole malgré les pouvoirs publics. Les situations sont donc différentes. L'homme n'a point à inventer pour la société des règles et des combinaisons : il ne connaît assez ni la nature des choses, ni sa propre nature. En dehors de ce qui touche à la morale, la science du travail et de la richesse est entièrement expérimentale.

Rechercher et constater les lois naturelles, tâcher de remonter à leurs principes, y conformer nos institutions : voilà les limites dans lesquelles notre activité peut utilement s'exercer.

Je ne m'arrête pas à la question des Compagnies fermières pour les chemins rachetés. La résolution adoptée par la Chambre des députés en mars 1877 ne parle pas de ce mode d'exploitation. Quelque opinion que l'on en ait, il me semble évident qu'on ne peut l'employer qu'après avoir composé un réseau ayant quelque consistance, et présentant des chances de prospérité.

CONCLUSIONS

Une situation impossible va être remplacée par un provisoire au delà duquel se trouve l'inconnu. Si, comme on l'espère, les opinions se modifient, la solution est facile.

La France a engagé d'une manière admirable l'œuvre de ses chemins de fer, et en a retiré de grandes richesses. M. Foucher de Careil, l'un des rapporteurs de l'enquête ouverte par le Sénat, répondant aux critiques adressées au système suivi parmi nous, reproduit le passage suivant d'un discours prononcé au parlement belge, en 1869, par M. Malou, ministre des Finances :

L'industrie des chemins de fer doit être prospère pour être utile, pour rendre les services que l'on peut attendre d'elle. C'est ce que la France a admirablement compris; c'est ainsi qu'elle a organisé son système; c'est ainsi qu'elle marche, comme bonne organisation de cet immense service de transport, à la tête de toutes les nations. On est arrivé en France à placer pour un million de francs d'obligations par jour, et cela depuis des années, et l'on achève ainsi chaque jour une maille de ce grand travail, qui s'accomplit, j'allais dire sans que la France soit appauvrie. Mais non, la France s'est enrichie dans des proportions énormes, et quand un jour ce réseau ainsi établi, sagement exploité, s'augmentant sans cesse et accroissant la richesse publique, fera retour au domaine public, calculez, si vous le pouvez, quelle fortune la France aura conquise, voyez quelle sera la situation financière, et calculez aussi quelle sera la situation économique, quelle sera la force de ce pays.

La prospérité de l'industrie des chemins de fer, en France, est un résultat et non un moyen. Sous la réserve de cette légère critique, je suis heureux de présenter l'appréciation de M. Malou, avec la nouvelle autorité que lui donne son insertion dans l'un des rapports de la Commission sénatoriale. De semblables témoignages doivent être médités par tous ceux dont on a surpris l'opinion en prétendant que l'organisation donnée parmi nous aux chemins de fer était une cause de ruine, en soutenant que nous marchions dans cette industrie après toutes les nations civilisées.

Quelques fautes ont été commises : presque toutes sont de date récente. Le mal n'est pas tel qu'il puisse par lui-même inquiéter sérieusement. Les points d'appui ne manquent pas. Dans chaque cas, on pourra trouver un remède. Mais si l'on repousse les enseignements de l'expérience, si l'on entreprend de guérir les blessures en portant de nouveaux coups avec la lance qui les a faites, la situation deviendra probablement très grave. On ne saurait prévoir jusqu'où peut conduire une doctrine fausse.

Je ne pense pas seulement au maintien possible de la régie qu'on vient d'organiser et qui va se trouver en présence de grandes difficultés; je considère ces Compagnies, les unes déjà très ébranlées, les autres dont on paraît redouter la puissance et qui ne résisteraient pas à quelques-unes des mesures qu'on sollicite; ces lignes qu'on demande souvent avec raison, mais qui ne pourraient donner que de faibles produits. Je me demande si les principes qui jusqu'à présent ont réglé et protégé parmi nous cette industrie colossale, auront une force de résistance suffisante.

Les études sur l'économie des chemins de fer présentent aujourd'hui beaucoup moins de difficultés qu'il y a sept ou huit ans : les documents sérieux abondent, et les faits se déroulent sous nos yeux. Chacun peut, avec un peu de travail, se faire une opinion qui lui appartienne. Il ne faut pas que des convictions existent uniquement parce qu'elles ont existé.

Donges, 14 juin 1878.

TROISIÈME PARTIE

ÉTUDE SUR LES STIPULATIONS

QUI ONT POUR BASE

LE PRODUIT BRUT

DANS LES

CONCESSIONS DE CHEMINS DE FER

ÉTUDE SUR LES STIPULATIONS

QUI ONT POUR BASE

LE PRODUIT BRUT

DANS LES

CONCESSIONS DE CHEMINS DE FER (1)

Dans diverses concessions faites depuis quelques années en France et à l'étranger, le produit brut a été pris pour base de stipulations relatives à des garanties ou à des redevances. Avant de discuter ces dispositions, je vais examiner quelques questions relatives au produit brut, en dehors de l'exploitation des chemins de fer. Les opérations industrielles relèvent, suivant leur nature, des mêmes lois économiques, et l'on peut appliquer à l'une d'entre elles les principes que l'expérience a fait reconnaître dans les autres, pourvu que les circonstances soient analogues. On conçoit, par suite, qu'il puisse y avoir un avantage réel à étudier d'abord sur des industries mieux connues ou moins compliquées, une question relative aux chemins de fer.

(1) Publié dans le *Journal des Économistes,* livraison d'août 1878.

Impôt d'après le produit brut dans diverses industries.

Agriculture. Dîme. — Vauban trouvait que l'impôt de la dîme présente de grands avantages, mais J.-B. Say et Ricardo ont établi qu'il n'est équitable qu'en apparence.

Say a fait remarquer que les frais variant beaucoup suivant la qualité du sol et le genre des cultures, à des produits bruts de même valeur, et par suite à des dîmes égales, correspondent des revenus très différents. Il a montré par des chiffres, d'une manière saisissante, que le propriétaire de terres labourables est bien plus chargé que celui qui possède des prairies.

Ricardo est arrivé aux mêmes conséquences. Les économistes regardent aujourd'hui que la dîme repose sur une base injuste. On peut ajouter qu'elle nuit aux progrès de l'agriculture, car, lorsque le produit brut s'accroît, l'augmentation de la dîme peut être plus grande que celle du produit net, et alors le cultivateur est mis en perte par une opération qui en elle-même est avantageuse.

Il est bien entendu que je considère la dîme comme une taxe proportionnelle au produit brut, et sans avoir égard aux grandes modifications que cet impôt a éprouvées à différentes époques, tant en France que dans les pays où il subsiste encore.

Remarquons que Dupont de Nemours, développant les idées de Quesnay, avait écrit, en 1768 : « La portion des récoltes nommée le *produit net* est la seule contribuable à l'impôt, la seule que la nature ait rendue propre à y subvenir. »

Théâtres. Redevance à l'Assistance publique. — Je trouve, dans les travaux parlementaires de la dernière session, un exemple des inconvénients que présente un impôt établi d'après les recettes.

En vertu de divers lois et décrets dont le dernier date de 1808, les directeurs de théâtres payent à l'Assistance publique une redevance fixée à 10 0/0 de leur recette brute. Les frais étant très différents, la charge se trouve répartie d'une manière fort inégale, et pèse principalement sur les entreprises qui font de grandes dépenses pour augmenter l'attrait des représentations. L'art scénique aurait probablement beaucoup souffert d'une semblable combinaison, s'il n'avait été soutenu, sur certains théâtres, par de larges subventions.

Cette situation est depuis longtemps l'objet de réclamations qui, soumises à diverses commissions administratives, ont toujours été trouvées justes, mais auxquelles on n'a donné aucune suite, eu égard à la difficulté de constater le produit net.

Le 28 février 1848, un arrêté du Ministre de l'Intérieur décida que la perception n'aurait plus lieu que sur les bénéfices, mais cette mesure fut bientôt rapportée.

Récemment, M. Dugué de la Fauconnerie et plusieurs autres députés ont présenté une loi pour rendre la répartition plus équitable; une commission classerait les théâtres de Paris en cinq catégories, suivant le montant de leurs frais par représentation. L'excédent de la recette sur une somme fixée d'avance, pour chaque catégorie, serait soumise à un impôt le 12 0/0.

M. René Brice a fait, au nom d'une des commissions

d'initiative parlementaire, un rapport qui conclut à la prise en considération. La discussion sera sans doute intéressante, mais je ne veux pas m'arrêter à cette question [1]. Mon seul but, en l'abordant, a été de montrer que la même combinaison amène des conséquences analogues dans des industries très différentes.

Je passe aux chemins de fer.

Stipulations ayant pour base le produit brut dans l'exploitation des chemins de fer.

Chemin de fer de Constantine à Sétif. Stipulation relative à la garantie. — En France, les conventions faites avec les grandes Compagnies reposent sur la considération des dépenses et des recettes réelles [2]. De là résulte la nécessité de vérifier minutieusement les opérations, mais les situations sont toujours vraies. On peut penser d'ailleurs qu'il y a plus d'avantages que d'inconvénients à ce que la gestion financière d'une Compagnie privilégiée soit exactement surveillée.

En 1875, dans la concession du chemin de fer de Constantine à Sétif, aujourd'hui l'*Est Algérien*, le gouvernement garantit une recette nette de 7350fr par kilomètre, la dépense devant être établie à forfait, d'après la recette brute, suivant une certaine échelle. Il serait inté-

(1) La proposition n'a pas été prise en considération.

(2) Je parle d'une manière générale, mais il y a des exceptions : ainsi, dans quelques conventions, un prix a été établi à forfait pour représenter l'intérêt et l'amortissement des emprunts ; la dépense de construction de chaque chemin est soumise à un maximum.

ressant de connaître d'une manière positive les considérations qui ont conduit à introduire ce changement dans les combinaisons jusque-là adoptées ; mais les documents officiels sont muets à cet égard. L'exposé des motifs présenté par M. Buffet, ministre de l'intérieur, ne donne aucune explication ; le rapporteur, M. Ricot, se borne à signaler la convenance de compléter l'échelle proposée par la fixation d'un maximum pour l'application de chaque coefficient, afin d'établir une sorte de continuité. A l'Assemblée, le vote a eu lieu sans discussion.

On peut penser que l'on a voulu simplifier le contrôle et exciter les concessionnaires à réduire les dépenses de toute nature, principalement celles de l'exploitation.

Je crois voir là une erreur grave qui consiste à considérer l'exploitation comme ayant pour but de recueillir, avec le moins de dépenses possible, un produit brut qui s'offre de lui-même, et dont le développement ne saurait résulter que de causes extérieures. Il n'en est pas ainsi. Une Compagnie concessionnaire peut modifier le produit brut en augmentant ou en réduisant, soit le nombre des trains de voyageurs, soit les tarifs, soit les facilités de divers genres accordées au commerce.

Un maître, M. Jullien, a traité cette question dans un mémoire du plus haut intérêt sur l'exploitation des chemins de fer (*Annales des Ponts et Chaussées*, 1845, 2e semestre). On y lit au sujet des trains de voyageurs :

> Pour une Compagnie, comme pour un commerçant en général, il ne s'agit pas seulement de réduire la dépense, mais, surtout et avant tout, d'augmenter la recette nette que procure une industrie quelconque.

Or, 20 convois par jour donnant un bénéfice net de 100fr, je suppose, valent mieux que 10 convois ne donnant chacun qu'un bénéfice net de 150fr, quoique dans le premier cas la dépense puisse être une partie proportionnellement bien plus grande que dans le second de la recette brute totale...

Plus loin, M. Jullien s'appuie sur des résultats d'exploitation qu'il a fait connaître, pour établir par des chiffres l'influence du tarif sur le rapport des dépenses aux recettes. Ce passage ne peut pas être séparé du Mémoire, mais les premières et les dernières lignes suffisent à en faire connaître les conclusions.

Nous terminerons par une observation importante, ayant pour objet de démontrer combien est inexacte, *quand on l'applique à des chemins dont les tarifs sont différents*, la règle qui consiste à évaluer la dépense annuelle de l'exploitation d'un chemin de fer, au moyen d'un *pourcentage* déterminé de la recette brute.

. . . .

On voit combien le chiffre du *pourcentage* peut varier, sans que la dépense réelle change sensiblement : la règle du pourcentage n'est réellement admissible que pour des chemins dont le tarif moyen est le même, et qui sont, en outre, dans des conditions de dépenses analogues.

Un peu avant Jullien, R. Stephenson avait examiné les mêmes questions dans un rapport adressé aux directeurs de la Compagnie du South Eastern Railway. Le célèbre ingénieur s'était prononcé d'une manière absolue contre la méthode d'évaluer la dépense générale d'exploitation d'après la recette brute, sans avoir égard à diverses circonstances qu'il énumère, et notamment au tarif (1).

(1) Il s'agissait dans ce travail, daté du 8 octobre 1842, d'apprécier la dépense que nécessiterait la construction du chemin de fer de Paris à Bou-

La question me paraît très claire : il semble évident que si deux chemins placés dans des conditions identiques transportent des tonnages égaux à des tarifs différents, celui dont les prix sont les plus faibles doit avoir le pourcentage le plus élevé, parce qu'aux mêmes dépenses correspondent des recettes moindres (1). Toute réduction dans les prix tend donc à élever le rapport de la dépense à la recette, et rend fausses les échelles établies d'après la seule considération de la recette brute. Je ne pense pas d'ailleurs qu'on veuille assurer la fixité du tarif et empêcher un concessionnaire qui y trouverait son avantage, de se rendre aux désirs des populations en réduisant les prix.

Afin de pouvoir serrer la question de plus près, je vais rapporter les coefficients adoptés pour le calcul des garanties.

La dépense kilométrique, qui sert de base au calcul, est évaluée comme il suit :

De 000fr à 11 000fr	de recette brute,	somme fixe	7000fr
11 000 à 12 000,	—	64 0/0 sans excéder	7400
12 000 à 13 000,	—	62 — —	7800
13 000 à 14 000,	—	60 — —	8120
14 000 à 15 000,	—	58 — —	8400
15 000 à 16 000,	—	56 — —	8640
16 000 à 20 000,	—	55 — —	10400
A 20 000 et au-dessus,	—	52 —	

logne et les recettes nettes que l'on pouvait attendre de son exploitation. Le passage auquel se rapportent mes observations est à la page 25 de la traduction française.

(1) Je crois que cette considération ne doit pas être négligée quand on recherche les causes de l'augmentation du rapport des dépenses aux recettes, sur les divers réseaux (1880).

Le lecteur peut calculer que si les recettes s'élèvent une année à 12 500fr, et la suivante à 13 500fr, la garantie sera d'abord de 2600fr, et ensuite de 1950fr. La Compagnie recevra donc du Trésor, la seconde année, 650fr de moins que la première, et comme l'excédent du produit brut n'est que de 1000fr, elle sera en perte si l'augmentation des frais dépasse 350fr. Dans une industrie quelconque, il y a un avantage évident à accepter un accroissement de dépense de 400, de 500 et même de 900fr, pour augmenter les recettes de 1000fr; mais, par suite de la combinaison artificielle dans laquelle il est engagé, l'Est Algérien ne peut faire de semblables opérations, qui, en développant le trafic, seraient très avantageuses au pays.

Le tableau ci-dessous indique, pour différentes valeurs du produit brut, la limite de l'augmentation de dépenses que la Compagnie peut supporter, sans perte, pour un accroissement de recettes de 1000fr.

Produit brut.	Limite de l'augmentation des dépenses.
Au-dessous de 10 000fr	000fr
10 500	360
11 500	390
12 500	350
13 500	300
14 500	240
15 500	510
Au-dessus de 16 333	1000

Dans le cas d'un produit brut inférieur à 10 000fr, tout accroissement de recettes met la Compagnie en perte si les dépenses reçoivent une augmentation correspondante quelconque. Lorsque le produit brut atteint 16 333^{fr}, la garantie cesse de fonctionner, et alors seulement la Compagnie se trouve dans les conditions ordinaires de l'industrie pour chercher à développer son trafic [1].

Cette analyse suffit pour faire ressortir le programme que la combinaison adoptée impose à l'Est Algérien, si la limite de 16 333^{fr} n'est pas facilement atteinte [2] : *Réduire au minimum le nombre des trains de voyageurs, établir un tarif assez élevé, surveiller avec soin toutes les dépenses.*

J'ai déjà indiqué ces conséquences, mais d'une manière incomplète et timide, dans un article sur l'exploitation des chemins de fer, qui a été publié l'année dernière par la *Revue de Bretagne et de Vendée* [3]. Je les présente aujourd'hui avec plus de confiance, parce que, comme on le verra plus loin, je puis m'appuyer sur des résultats constatés en Hollande.

En général, les publicistes qui ont approuvé la combinaison adoptée pour la garantie de l'Est Algérien se sont bornés à dire qu'elle est excellente. Ce que j'ai trouvé de plus précis à cet égard est le passage suivant d'un Mémoire présenté aux Chambres, en 1876, par l'*Association pour l'amélioration et le développement des moyens de transport :*

On applique, en Hollande, et l'on vient d'appliquer à l'Est Algé-

(1) L'Est Algérien est soumis pour la garantie à des conditions de remboursement que je devrais étudier si je voulais rechercher l'avenir probable de cette entreprise ; mais tel n'est pas mon but. Je me propose uniquement d'apprécier une stipulation spéciale.

(2) Quel que soit le produit brut d'une ligne, on peut toujours l'accroître ; il suffit, par exemple, d'augmenter le nombre des trains de voyageurs.

(3) *Voir* page 14.

rien une échelle mobile des frais d'exploitation : ce système proportionne les dépenses aux produits bruts, sauvegarde les intérêts du Trésor garant, et stimule l'activité de l'exploitant.

Je conçois qu'on cherche à proportionner la dépense au *tonnage transporté;* mais si l'on considère le produit brut et la dépense, le problème est de rendre la différence entre ces deux sommes la plus grande possible, et non d'établir entre elles un rapport quelconque.

Les frais ne dépendent pas directement du tarif; la recette, au contraire, est le produit du tonnage par le prix. Tenir compte d'une dépense évaluée d'après le nombre ainsi obtenu, sans avoir égard aux grandeurs relatives des facteurs, c'est, il me semble, faire réagir toutes les réductions de prix sur les attributions accordées à la Compagnie, et, par suite, favoriser le maintien d'un tarif élevé. Une disposition de ce genre ne me paraîtrait admissible que si l'on prenait, pour base du calcul, une recette fictive obtenue par la combinaison des tonnages réels avec un tarif invariable.

Première Société fermière en Hollande. — Dans un Mémoire très intéressant récemment inséré dans les *Annales des Ponts et Chaussées*, M. Albert Jacqmin, ingénieur de la Compagnie de l'Est, a donné des renseignements sur l'exploitation des chemins de fer de la Hollande.

En 1860, le gouvernement néerlandais traita avec une Compagnie pour l'exploitation d'un réseau qui lui appartient. Il attribua aux concessionnaires une partie de la recette brute, variable suivant son importance, d'après une échelle décroissante analogue à celle de l'Est Algérien ([1]), mais contenant un plus grand nombre de coefficients.

Les résultats furent :

	en 1873	en 1874
Recettes brutes, florins..............	5 058 000	5 385 000
Frais d'exploitation, florins..........	2 376 000	2 646 000
Recettes nettes, florins............	2 682 000	2 739 000
Rapport des dépenses aux recettes brutes	47 0/0	49 0/0

Il y avait une augmentation de 57000 florins dans le produit net, mais le rapport des recettes aux dépenses s'était élevé, et par suite l'application des coefficients de l'échelle devait imposer une perte à la Compagnie : elle fut de 235 000 florins.

Après avoir donné quelques détails sur ces opérations, M. Albert Jacqmin conclut en disant :

La Société n'avait donc aucun intérêt à développer le trafic de ses lignes ; elle devait chercher au contraire à le restreindre autant que possible, puisque toute augmentation de recette entraînait pour elle un accroissement de dépense sans compensation.

Cette situation était évidemment fausse et ne pouvait se prolonger... l'acte de 1863 fut révisé d'un commun accord entre l'État et la Société ([2]).

([1]) Il serait sans intérêt de comparer les coefficients acceptés par les deux Compagnies, d'abord parce que les situation sont différentes, ensuite parce qu'il faudrait avoir des données certaines sur la nature du trafic de chacune des lignes.

Croire qu'on pourrait établir une échelle générale pour le calcul du produit net des chemins de fer, d'après leurs recettes brutes, ce serait, il me semble, ajouter une erreur spéciale à un système faux.

([2]) Dans sa déposition devant la commission d'enquête nommée par le Sénat, M. Alfred Le Roux a donné des détails intéressants sur la Compagnie hollandaise, et les mesures qu'elle s'est déclarée réduite à prendre pour diminuer le trafic.

La nouvelle convention a pour base, comme l'ancienne, le produit brut constaté, mais elle est plus compliquée. La Compagnie fait des prélèvements spéciaux pour la réfection de la voie et pour divers fonds de réserve. On a cherché à neutraliser toutes les circonstances qui peuvent introduire de l'irrégularité dans les dépenses; mais la régularité des recettes, qui, pour l'application des formules, a autant d'importance que celle des dépenses, est détruite par la variation des prix. On ne peut lever la difficulté que par la considération de la recette nette constatée, ou en établissant les calculs d'après un tarif fixe, comme je l'ai dit plus haut.

M. Albert Jacqmin ne donne pas sur la nouvelle convention des détails suffisants pour qu'on puisse apprécier les résultats probables de l'exploitation dans les diverses hypothèses qui se présentent naturellement : toutefois, il me paraît certain que si des modifications considérables étaient faites dans le tarif, d'étranges anomalies se produiraient.

Projet de loi sur les chemins de fer d'intérêt local. — Un projet de loi actuellement soumis au Sénat et sur lequel le Ministre des Travaux publics a consulté les Conseils généraux, prévoit des garanties en faveur des chemins de fer d'intérêt local.

Voici l'article :

En cas d'insuffisance du produit brut d'un chemin de fer d'intérêt local pour couvrir les dépenses d'exploitation et l'intérêt à 5 0/0 du capital de premier établissement, tel qu'il est prévu par l'acte de concession, l'État peut subvenir jusqu'à concurrence de moitié au payement de cette insuffisance, l'autre moitié étant supportée par le département...

La participation de l'État cessera de plein droit quand la recette brute du chemin de fer atteindra 7000^{fr} par kilomètre et par an.

Dans un Conseil général dont je fais partie, cette dernière clause n'a pas été interprétée par tous les membres de la même manière. Quelques-uns ont pensé que la garantie payée par le département cesserait en même temps que celle mise à la charge de l'État. D'autres ont émis l'opinion que la question restait entière, et devrait être réglée, dans chaque cas, par la convention.

Il est facile de reconnaître quelles seraient les conséquences d'une stipulation qui supprimerait la garantie, lorsque le produit brut aurait une valeur déterminée.

Si cette limite est assez élevée pour que les concessionnaires soient assurés que les insuffisances auront disparu avant qu'elle soit atteinte, la restriction restera sans valeur. Dans le cas contraire, la Compagnie cherchera, en maintenant un tarif élevé, à empêcher le produit brut de se développer.

On peut préciser ces déductions par des nombres. Ceux que je choisis conviennent aux chemins dont M. de Freycinet s'occupe dans sa circulaire aux Conseils généraux.

Supposons que l'exploitation donne une recette brute de 6000^{fr} et une dépense de 3200^{fr} par kilomètre, sur un chemin pour lequel l'intérêt du capital de premier établissement serait de 3500^{fr}, la garantie devra couvrir une insuffisance de 700^{fr}. Si la recette brute venait à atteindre

7000^{fr}, la dépense serait de 3733^{fr}, en admettant que son rapport à la recette ne fût pas modifié. L'insuffisance se trouverait réduite à 233^{fr}, mais le produit brut étant arrivé à la limite fixée, aucune garantie ne devrait être payée. Devant cette perspective, il me paraît certain que la Compagnie saura maintenir la recette au-dessous de 7000^{fr}. Ainsi, d'une part, la garantie sera peu réduite, de l'autre le chemin ne rendra pas au pays les services que l'on devait en attendre.

Pour que la Compagnie n'eût pas intérêt à restreindre le développement du trafic, il faudrait qu'elle fût assurée que le pourcentage, qui se trouve être de 53 pour un produit brut de 6000^{fr}, descendrait à 50 lorsque la recette s'élèverait à 7000^{fr}. Mais, s'il en est ainsi, la limite fixée à la garantie n'a, comme je l'ai dit, aucune importance. Je suis donc conduit à regarder que cette clause, qui complique la convention, est nuisible quand elle n'est pas inutile [1].

En résumé, le produit brut est un élément qui ne paraît pas convenir pour servir de base à des stipulations dans les concessions de chemins de fer, à moins que le tarif et le nombre des trains de voyageurs ne soient fixés d'une manière invariable.

Paris, 20 *juin* 1878.

[1] Dans une importante étude sur le projet de loi présenté, M. Faliès, directeur de plusieurs Compagnies d'intérêt local, exprime l'opinion que mes déductions sont justes, mais que, dans l'exploitation des chemins de fer auxquels les dispositions proposées seront applicables, le produit brut n'atteindra pas 7000^{fr} par kilomètre. Dans ce cas, comme je l'ai remarqué, la stipulation restera sans effet. La grande compétence de M. Faliès dans ces questions donne à ses appréciations une valeur toute particulière (1880).

QUATRIÈME PARTIE

ESSAI

SUR LE

PRINCIPE DES TARIFS

DANS

L'EXPLOITATION DES CHEMINS DE FER

ESSAI

SUR LE

PRINCIPE DES TARIFS

DANS

L'EXPLOITATION DES CHEMINS DE FER [1]

> La science économique se résume dans le mot *Valeur*, dont elle n'est que la longue explication.
>
> BASTIAT.

Une certaine confusion règne dans les discussions relatives à l'établissement des tarifs des chemins de fer, parce que la question n'est dominée par aucun principe généralement accepté. Les études que j'ai faites m'ont convaincu que, malgré quelques circonstances particulières, l'exploitation des chemins de fer est soumise, comme toutes les autres industries, aux grandes lois économiques; que les prix doivent y être réglés d'après la

(1) Cet essai a paru dans le *Bulletin de la Société d'encouragement pour l'industrie nationale* (février 1879). La *Revue générale des chemins de fer* l'a immédiatement reproduit (mars 1879). M. Brière s'en est occupé d'une manière spéciale dans un important article sur les tarifs que la *Revue des Deux-Mondes* vient de publier (mars 1880).

Je présente au lecteur, non pas une simple reproduction, mais un travail considérablement développé.

valeur des transports déterminée par l'action de l'offre et de la demande; qu'en adoptant des bases différentes, telles que la longueur du trajet ou le montant de la dépense, on est conduit à des contradictions et à des impossibilités; que l'existence d'un monopole modifie les effets de l'offre et de la demande, mais ne les supprime pas; enfin que les mesures par lesquelles on empêche quelquefois de taxer certains transports d'après leur valeur nuisent aux intérêts qu'on prétend protéger.

Je me propose d'examiner ces diverses propositions.

Les tarifs doivent être réglés d'après la valeur des transports. Conséquences de ce principe.

Considérations générales sur la valeur. — La valeur des marchandises est réglée par un équilibre entre l'offre et la demande. La dépense de fabrication n'influe, en général, que sur l'offre, et n'est qu'un élément de la valeur. La différence entre ce que vaut un produit et ce qu'il a coûté est quelquefois assez grande. De là résultent divers désordres qui frappent vivement quand on commence à étudier l'ordre économique des sociétés.

Par suite de circonstances extérieures souvent difficiles à prévoir, l'offre et la demande peuvent éprouver des variations qui, en modifiant les valeurs, jettent un grand trouble dans les existences. On a vu des industries, telles que celle des tisserands à la main, être atteintes, et de nombreuses familles tomber dans la misère.

La question des souffrances momentanées produites

par les machines nouvelles se rattache au problème plus général que soulève la différence entre le prix de revient et la valeur.

Cependant, un examen attentif montre que la loi de l'offre et de la demande contient un principe régulateur indispensable à nos sociétés. Elle dirige les ouvriers vers les travaux les plus utiles, et les ressources vers les pays que la disette menace; elle perfectionne les arts en stimulant toutes les activités, augmente la richesse générale et entraîne l'homme dans des voies nouvelles. C'est un suffrage universel où les enfants eux-mêmes sont appelés à voter : toutes les mises en vente, toutes les demandes déterminent des impulsions, et leur résultante gouverne le monde industriel.

Cette loi, conséquence immédiate des principes supérieurs de liberté et de propriété, s'établit partout. Les pouvoirs qui ont voulu la dominer dans les choses de quelque importance ont aggravé les maux qu'ils prétendaient prévenir et se sont soumis. Tout prouve qu'on doit se borner à soulager les souffrances très réelles qu'elle produit accidentellement, mais sans contrarier ses effets, au moins dans la grande industrie. Un transport, comme toute marchandise et comme tout service, a une valeur déterminée : on doit le payer *non ce qu'il coûte, mais ce qu'il vaut.* Une exception à la loi générale des transactions ne doit être faite que pour de puissants motifs.

Sans insister sur ce point, je vais examiner quelques-unes des questions particulières qui ont soulevé de vives discussions.

Application au transport des laines d'Alger à Roubaix. — Les Compagnies des chemins de fer de la Méditerranée et du Nord transportent les laines de Marseille à Roubaix au prix de 76fr,50 la tonne. Il y a quelques années, les laines envoyées d'Alger vers la même destination étaient conduites à Dunkerque, par des navires anglais, pour 65fr. Les frais à Dunkerque et le port jusqu'à Roubaix dépassaient à peine 11fr,50, de telle sorte que, sous l'action de l'offre et de la demande, le transport des laines à Roubaix avait sensiblement la même valeur au départ d'Alger et à celui de Marseille.

On ne pouvait attirer sur nos lignes les laines expédiées d'Alger et assurer ce trafic à la Marine française, qu'en demandant au plus 76fr,50 pour tout le trajet. C'est ce que les Compagnies ont consenti à faire. Elles paient 20fr pour le fret sur la Méditerranée, et gardent une somme de 56fr,50, qu'elles jugent suffisante pour les indemniser des dépenses que le transport de Marseille à Roubaix leur impose. On peut supposer qu'elles trouvent un léger bénéfice à cette combinaison; un chemin de fer, dans son intérêt et dans celui du pays, ne doit négliger aucun trafic de nature à augmenter ses recettes plus que ses dépenses.

Des habitants de Marseille, croyant sans doute que la dépense d'un transport en détermine la valeur, ont demandé que les laines qu'ils expédient soient taxées au même prix que celles qui viennent d'Alger. Si le prix de 56fr,50 est rémunérateur, disent-ils, les Compagnies ne sauraient réclamer davantage.

Les divers transports que fait une Compagnie sont loin de lui donner des bénéfices égaux. Si, parce que certains d'entre eux ne lui laissent, pour le produit net, qu'une très faible partie de la recette, on prétend régler le tarif de manière qu'elle prélève la même proportion sur l'ensemble du produit brut, elle ne pourra satisfaire aux obligations qu'elle a contractées.

Le résultat certain d'exigences de cette nature serait d'amener les Compagnies à s'interdire tous les transports sur lesquels elles n'auraient pas un bénéfice élevé, et, par suite, à abandonner des recettes considérables en privant le pays de transports à bon marché, pour un grand nombre de marchandises.

Dans toutes les industries, par suite des irrégularités de la demande, de la variation dans le prix des matières premières et de mille circonstances, les divers produits donnent des bénéfices inégaux. Cela est surtout sensible lorsque, par des fabrications secondaires, on utilise des déchets, un excédent de force motrice, un terrain sans emploi ou des ouvriers momentanément inoccupés. Un bon manufacturier ne néglige aucune source de revenu. L'entreprise doit être appréciée par l'ensemble des dépenses et des recettes.

L'argument du *prix rémunérateur* a pour conclusion que, dans une même exploitation, les bénéfices, sur tous les produits, doivent être abaissés au niveau des plus faibles. Une semblable règle causerait aux industries de grands dommages et entraînerait une élévation considérable des prix.

Eu égard aux facilités de la navigation entre Alger et Dunkerque, il n'y aurait rien eu de surprenant à ce que le transport des laines à Roubaix coûtât moins de la première de ces villes que de Marseille, et alors les Compagnies de chemins de fer, supposées libres, auraient été conduites à demander des prix moindres, si, toutefois, elles avaient pu le faire sans se porter préjudice.

Tarifs différentiels. Clause des stations non dénommées. – On lit dans une brochure imprimée par les soins de l'Administration des travaux publics, en septembre 1877 :

A l'origine de l'exploitation, le système différentiel avait été poussé jusqu'à l'abus : aussi n'était-il pas rare de voir une marchandise payer plus cher pour une distance moindre que pour une distance plus considérable, sur une seule et même ligne. Le parcours de Paris à Angers, par exemple, était taxé plus haut que le parcours de Paris à Nantes, et cela même dans le tarif général.

Ces anomalies, tant reprochées aux chemins de fer, n'étaient cependant pas un fait nouveau dans l'industrie des transports. Avant l'établissement des voies ferrées, le roulage percevait également un prix plus élevé de Paris à Angers que de Paris à Nantes, et l'on voit que, sur ce parcours, le chemin de fer n'avait fait que suivre les anciens errements du roulage. La batellerie, de son côté, prenait autrefois plus cher de Châlon-sur-Saône à Villefranche que de Châlon à Lyon ; plus cher de Lyon à Tarascon, que de Lyon à Arles.

Les marchandises pouvaient être expédiées de Paris à Nantes par la navigation de la Seine et le cabotage. On comprend donc que, sous l'action de l'offre et de la demande, le transport au départ de Paris eût moins de valeur pour Nantes que pour Angers.

Les transports de Châlon à Villefranche étaient faits, ou par des chalands à destination de Lyon qui perdaient du temps en faisant escale, ou par des bateaux spéciaux, dont il était difficile de compléter le chargement. On ne pourrait établir avec certitude les causes des différences que par une investigation minutieuse, qui ne paraît nullement utile dans la question qui nous occupe.

Les chemins de fer sont dans les mêmes conditions que le roulage et la batellerie. Je ne vois pas comment il serait possible d'établir qu'un transport plus long n'a jamais une valeur moindre, ou que chaque transport ne doit pas être payé à sa valeur.

Les faits, signalés dans le document que j'ai cité, ne me paraissent présenter aucun abus. Il importe, d'ailleurs, d'observer que ces faits ont été parfaitement acceptés tant qu'ils ont été l'œuvre du commerce libre.

M. Édouard Boinvilliers a écrit à ce sujet en 1859 :

> Nous ne croyons pas énoncer une vérité bien neuve en rappelant que le roulage, la batellerie, le commerce maritime, ont les premiers imaginé, créé, appliqué ce système de tarifs qu'ils veulent maintenant proscrire chez leurs rivaux ; et cela non seulement en France et de nos jours, mais dans tous les pays et dans tous les temps. (*Des transports à prix réduits.*)

Quoi qu'il en soit, depuis plusieurs années, l'Administration, par la *clause des stations non dénommées*, interdit, sur une même direction, une taxe plus élevée pour une distance moindre. Je considère cette mesure comme un expédient propre à diminuer la vivacité des réclamations.

La règle maintenant imposée aux Compagnies les conduit peut-être à réduire les tarifs sur certaines sections, mais il est probable qu'elle les empêche plus souvent d'abaisser les prix quand la valeur du transport diminue.

Un peuple peut adopter sur son territoire des combinaisons artificielles, mais, dans ses relations avec les autres peuples, la réalité des faits commerciaux apparaît et met en évidence le vice des dispositions adoptées. La clause des stations non dénommées a permis aux chemins de fer étrangers de prendre une partie du trafic entre les villes industrielles voisines de la frontière. Nos Compagnies ne peuvent entrer en lutte et réduire pour ce trajet leurs bénéfices à la dernière limite, parce qu'elles seraient obligées d'accorder les mêmes avantages à un grand nombre de stations intermédiaires et, par suite, de subir une perte considérable (¹).

L'Administration a été obligée d'autoriser, pour le transit, des tarifs spéciaux, sur lesquels on ne peut s'appuyer pour réclamer l'application de la clause des stations non dénommées. Il est évident qu'on ne saurait faire payer aux étrangers un transport plus cher qu'il ne vaut.

Valeur des produits dans les industries soumises à un monopole. — On cherche à légitimer l'intervention permanente de l'Administration dans l'exploitation des chemins de fer, en disant que les Compagnies, dégagées de toute concurrence, fixent leur prix d'une manière entièrement arbitraire.

Je remarquerai d'abord que le monopole n'est pas absolu, car les chemins de fer trouvent comme concurrents, dans diverses conditions, le cabotage, la batellerie, les messageries et le roulage; ensuite qu'un privilège

(¹) Je reviendrai sur les questions que soulève la concurrence de l'étranger dans l'industrie des transports.

modifie les effets de l'offre et de la demande, mais ne les supprime pas. Il existe un grand nombre de monopoles, les uns de droit, les autres de fait [1], et les diverses marchandises n'en ont pas moins une valeur déterminée, sans aucune intervention de l'autorité. Le propriétaire d'un brevet peut sans doute demander un prix exagéré de ses produits, mais, en voyant qu'il ne les place qu'en petit nombre, il arrive bientôt à réduire ses prétentions pour augmenter son bénéfice. S'il avait fixé un prix trop faible, l'affluence des demandes l'amènerait promptement à réparer sa faute. Le prix auquel il se trouve conduit, dans son propre intérêt, résulte du jeu de l'offre et de la demande, et détermine la valeur de l'objet pour la fabrication duquel il a un privilège.

Ces considérations sont applicables, même dans le cas de la concurrence, à toute industrie susceptible de recevoir un développement considérable. Les constructeurs de machines peuvent être amenés, par l'espoir de répandre certains de leurs produits, à faire des réductions de prix bien plus considérables que s'ils cherchaient seulement à s'enlever les demandes actuelles.

Valeur d'un transport par chemin de fer. — Modification qu'elle éprouve quand les frais d'exploitation diminuent. — Dans les premières années après les concessions, les Compagnies étaient à peu près libres de régler leurs tarifs au-dessous des limites fixées. Elles ont spontanément fait des réductions pour les marchandises, et

[1] En France, l'industrie du roulage et celle des messageries, pour les grandes distances, ont toujours appartenu à des monopoles de droit ou de fait.

offert aux voyageurs diverses combinaisons avantageuses. Il est même possible que, dans certains cas, elles aient sciemment abaissé les prix au-dessous du chiffre qui leur eût procuré immédiatement le plus grand bénéfice net, afin de développer l'industrie du pays qu'elles desservent : c'était semer pour recueillir.

A cette époque, on n'avait encore imaginé aucune des mesures restrictives qui nuisent aux intérêts que l'on veut protéger. Les Compagnies ont pu faire des essais, se rendre compte de l'extension que les différents genres de commerce étaient susceptibles de prendre, et apprécier avec assez de sûreté les effets de l'offre et de la demande.

La valeur d'un transport dépend essentiellement des frais d'exploitation : elle s'abaisse quand ils diminuent. Je crois nécessaire d'établir cette proposition, bien qu'elle paraisse être une vérité d'intuition.

Le produit brut est très petit lorsque le tarif est ou extrêmement réduit ou excessif. Les dépenses, sans être proportionnelles aux tonnages, varient d'une manière continue dans le même sens qu'eux, et en sens inverse des prix demandés ; elles sont importantes lorsque le tarif est faible, parce que le tonnage est considérable. Il résulte de là que le maximum du produit net correspond à un tarif plus élevé que le maximum du produit brut, et que la différence est d'autant plus grande, que l'exploitation est plus dispendieuse. Lorsque les frais diminuent, la valeur du transport s'abaisse, et les bénéfices de la Compagnie augmentent.

On peut, à l'aide d'une figure, donner plus de clarté à ces considérations.

La courbe AMB représente les variations du produit brut d'un chemin de fer, pour le transport d'une certaine marchandise entre deux stations déterminées, en supposant que l'on demande successivement divers prix. A la taxe AS correspond le produit brut SQ. La recette est nulle quand la taxe est complètement supprimée, et lorsqu'elle a une grandeur AB telle que les expéditeurs renoncent à envoyer par le chemin de fer la marchandise considérée.

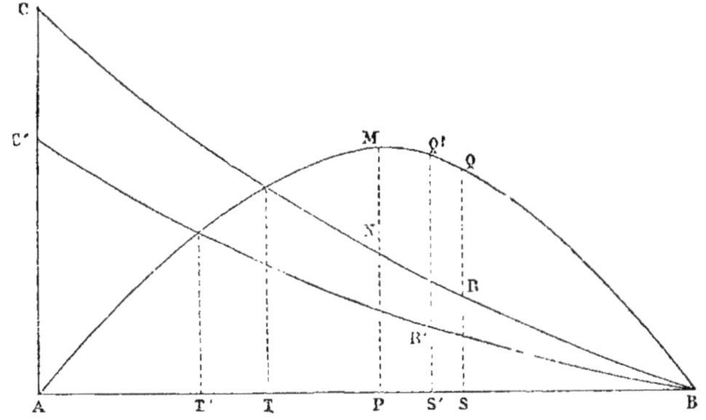

La courbe CNB indique la dépense afférente au transport de la marchandise pour les différents prix. Ainsi que je l'ai dit, cette dépense est grande lorsque la taxe est faible; elle devient nulle pour le prix AB qui arrête le transport.

Les abscisses AP et AS correspondent, la première à la recette maximum PM, la seconde au produit net maximum RQ. Le prix AS, toujours plus grand que AP, est la valeur du transport de la tonne.

Si, par une exploitation plus habile, ou en améliorant

les conditions techniques dans lesquelles le chemin est établi, on parvient à réduire les frais, la courbe CB deviendra C′B, et la Compagnie aura intérêt à demander le prix AS′, qui, dans le nouvel état des choses, donne au produit net sa grandeur maximum R′Q′. Le pays profite de l'abaissement de prix SS′ ; la Compagnie obtient l'augmentation de recettes nettes R′Q′ — RQ. Les frais ne dépasseront le produit brut que si le prix est moindre que AT″.

Pour les diverses marchandises et les différentes sections du chemin, les courbes présenteraient des particularités spéciales : il ne faut s'attacher ici qu'à leur forme générale (¹).

(¹) Une Compagnie qui parvient à réduire les frais d'exploitation est-elle par cela même conduite à diminuer ses prix ? Bien des personnes disent qu'en l'absence d'une concurrence effective, la Compagnie ne consentira pas à partager avec le public le bénéfice qu'elle réalise.

La question n'est pas sans importance ; elle se rattache au problème général de savoir si les intérêts du public et ceux de la Compagnie présentent un antagonisme que la réglementation et les sévérités puissent seules dominer. Il convient de l'examiner d'une manière directe, car on se trouve conduit à une discussion très difficile, lorsqu'on veut l'étudier d'après les faits.

Le raisonnement que j'expose est celui qui m'a le mieux réussi dans diverses discussions particulières. A moins d'attribuer aux courbes des formes bizarres que rien ne saurait justifier, on est invinciblement conduit aux résultats que j'indique.

Les courbes réelles auraient souvent moins de régularité que celles de la figure que j'ai tracée. Elles peuvent présenter des angles. Ainsi la ligne AMB aurait un angle en Q, si lorsque le prix de transport atteint la grandeur AS, la marchandise perdait subitement un de ses emplois. Le sens des courbures resterait d'ailleurs le même.

Du reste, je n'attribue à la figure d'autre avantage que celui de fixer les idées sur les conséquences des variations que les recettes et les dépenses éprouvent lorsqu'on modifie les prix. Je ne fais aucune hypothèse sur la nature géométrique des courbes ; je n'entreprends pas de résoudre par la géométrie la question des tarifs.

Sur la figure, les abscisses et les ordonnées représentent des francs, mais les échelles sont différentes, celle des ordonnées étant beaucoup plus réduite que l'autre. Si l'on suppose que l'ordonnée et l'abscisse soient mesu-

Ainsi que je l'ai établi au commencement de ces études (page 4), il est avantageux d'abaisser un prix quand il en résulte une grande extension pour le trafic spécial auquel il correspond ; le transport n'a alors qu'une faible valeur.

Le montant des frais de construction d'un chemin est sans influence sur la valeur des transports. — On se propose dans l'exploitation d'obtenir le plus grand produit net, c'est-à-dire de rendre aussi grande que possible la différence entre les recettes et les dépenses annuelles. Or, ni les recettes ni les frais ne dépendent du capital employé pour mettre le *chemin dans l'état où il se trouve.* Ce capital n'exerce donc aucune influence sur la valeur du transport et, par suite, sur le tarif.

Il peut sans doute arriver qu'une Compagnie s'endette pendant la construction, et que, se voyant dans l'impossibilité de faire les dépenses nécessaires pour le développement des gares et l'augmentation du matériel, elle restreigne le trafic en maintenant un tarif élevé. Une entreprise ne peut pas être conduite convenablement par une Compagnie obérée, quelles que soient les causes qui ont compromis sa situation financière. La question que j'examine n'est pas là : il s'agit de savoir si une Société, ayant des ressources déterminées et possédant un chemin dans des conditions techniques données, sera conduite à

rées à la même échelle, le rapport de ces longueurs donnera le nombre des tonnes transportées. Le tracé de la courbe permettrait alors d'obtenir la grandeur du tonnage pour chaque valeur de la taxe. On obtiendrait ensuite, par la méthode de M. Dupuit (*voir* p. 68), l'utilité du chemin pour la marchandise considérée.

Cette dernière observation tend seulement à montrer que toutes les questions relatives aux tarifs sont intimement liées entre elles.

tenir compte, dans la fixation de ses prix, de l'importance de la somme qu'elle a dépensée. Pour qu'il en fût ainsi, il faudrait que, dans certains cas, elle réduisît spontanément ses bénéfices. Les choses se passent autrement : une Compagnie cherche toujours à obtenir le plus grand produit, et les actionnaires touchent un intérêt plus ou moins élevé, suivant l'importance du capital engagé.

Souvent, à l'occasion de dépenses faites par les Compagnies pour donner aux chemins un degré de perfection que l'on jugeait exagéré, j'ai entendu dire que les concessionnaires se trouveraient obligés de tenir leurs prix très élevés. Rien n'est moins exact. Les conditions techniques du chemin étant meilleures, les frais d'exploitation seront diminués, et un abaissement des prix en résultera; mais il y aura perte pour la Compagnie, qui ne retirera qu'un revenu insuffisant des sommes dépensées, et pour l'État, dans le cas où il aurait accordé une garantie. Si l'on considère d'une manière générale l'intérêt du pays, il faut établir une balance entre le dommage qui résulte de l'emploi peu fructueux d'un capital, et l'avantage que les populations retirent d'un tarif réduit.

Question des encombrements.

Dans la plupart des industries, la production et la consommation présentent des irrégularités qui, en modifiant les rapports de l'offre et de la demande, introduisent des variations dans la valeur des marchandises.

Lorsqu'une circonstance exceptionnelle attire dans une

ville un grand concours d'étrangers, les loyers dans les hôtels montent, et, par suite, d'une part, les aubergistes sont conduits à faire des dépenses pour approprier de nouveaux appartements à la location en détail; de l'autre, bien des personnes réduisent la durée de leur séjour. Il résulte de ces deux effets que tous les arrivants trouvent place, tandis que beaucoup d'entre eux n'auraient pu avoir aucun gîte, si l'autorité avait décrété la fixité des prix.

Des difficultés du même genre se sont souvent présentées dans l'industrie des transports, et elle les a généralement résolues de la même manière. Lorsque la demande devient plus grande, le roulage, la batellerie et la navigation maritime augmentent leurs prix ([1]); en Angleterre et aux États-Unis, les chemins de fer élèvent leurs tarifs : les marchandises les moins pressées attendent alors que les cours soient revenus aux taux ordinaires. La solution du problème des encombrements consiste dans la variation des prix entraînant, comme conséquence, l'établissement de magasins dans toutes les localités où des affluences exceptionnelles de marchandises peuvent se produire, car les navires et les wagons ne doivent jamais en tenir lieu.

Les traités entre Compagnies pour les prêts de wagons, la formation de Sociétés spéciales pour fournir du matériel aux différentes lignes suivant leurs besoins, et diverses autres mesures du même genre, peuvent d'ailleurs atténuer le mal, et empêcher de trop grandes variations dans les prix.

([1]) En 1847, le fret sur le Rhône a passé du simple au décuple.

(NOUETTE-DELORME.)

M. Nouette-Delorme a écrit sur la question des encombrements :

Est-ce qu'il existe une seule usine ou maison de commerce qui organise ses frais d'après les besoins exceptionnels de quelques jours de l'année ? Il en est de même des monopoles. On ne se révolte pas contre l'Administration des Postes, lorsqu'au jour de l'an les distributions de lettres subissent, pendant une semaine, des retards réguliers. On ne trouve pas étonnant que la Compagnie des omnibus refuse beaucoup de monde les jours de fête ; on ne lui demande pas de régler son matériel sur le public du dimanche, ce qui l'amènerait à en rendre les trois quarts inutiles le reste du temps et, par conséquent, à augmenter ses prix. Si l'Administration des tabacs manque de tels ou tels cigares, elle vous prie d'attendre ou d'en fumer d'autres. En un mot, tous les commerces libres, comme tous les monopoles, ne sont organisés que pour suffire aux besoins ordinaires les plus larges, sans prétendre se placer à la hauteur des exceptions, même prévues et régulières.

La question, comme je l'ai montré, ne concerne pas la concurrence et le monopole, mais le tarif fixe et le tarif variable. Les voitures de place, qui ne sont pas en monopole, font défaut à certains jours parce qu'il ne leur est pas permis d'élever leurs prix. Il me semble que, dans ce dernier cas, les avantages d'une exception à la règle de l'offre et de la demande en surpassent les inconvénients. Je crois que, dans certaines circonstances, il peut être utile d'apporter des tempéraments dans l'application des principes.

L'établissement, pour nos chemins de fer, de tarifs fixes malgré les variations de la valeur des transports, laisse les encombrements atteindre quelquefois une certaine gravité. La grande étendue des réseaux, en permettant à une Compagnie de faire de promptes concentrations de matériel sur une partie de la région qu'elle dessert, n'atténue pas le mal dans une assez forte proportion.

Tarifs de concurrence.

Limite des abaissements de prix qu'une Compagnie peut consentir. — Supposons que dans un trafic une recette de 100 corresponde à une dépense d'exploitation de 60 : si l'on diminue les prix d'un tiers, la recette baissera de 100 à 67, et le produit net de 40 à 7. Il y aura donc encore un revenu ; et comme, sous l'influence d'un tarif réduit, le tonnage aura augmenté, la diminution sera moins grande que les nombres indiqués ne le font penser.

M. Baum a donné des renseignements qui permettent de porter plus de précision dans le calcul (1). D'après les dépouillements qu'il a faits, le prix de revient du transport d'une tonne à 1^{km}, sur les lignes des six grandes Compagnies françaises, pendant les années 1872, 1873 et 1874, a été en moyenne de $5^c,68$. Dans ce nombre, l'intérêt et l'amortissement du capital employé pour l'établissement du chemin figure pour $2^c,79$, et les frais d'exploitation pour $2^c,89$.

Il résulte de là qu'un trafic supposé dans les conditions ordinaires ne donne un produit net rémunérateur que si le prix kilométrique moyen, comprenant les frais de manutention, atteint $5^c,68$, mais que la Compagnie aura

(1) *Résultats de l'exploitation des chemins de fer français*, 1877.

un avantage certain à abaisser la taxe jusque près de 2c,89, c'est-à-dire de la diminuer de 49 0/0 *plutôt que d'abandonner le trafic à des rivaux*. Ce sera un acte de concurrence comme on en voit chaque jour dans l'industrie. Il me semble que ce qui caractérise la lutte à outrance, c'est le travail à perte pour ruiner l'adversaire. On ne trouve ici rien de semblable. Si la Compagnie maintenait les premiers prix, le trafic passant à des concurrents, la réduction du produit net qu'elle obtient serait plus grande, et par suite l'État, dans le cas où il lui aurait assuré un revenu déterminé, aurait une somme plus considérable à verser.

J'ai raisonné d'après des moyennes, mais dans la pratique chaque cas doit être examiné en lui-même. Une étude assez minutieuse des tarifs et des dépenses me porte à penser que les divers transports donnent aux Compagnies des bénéfices très différents. Ceux qui procurent des recettes nettes élevées peuvent, en cas de concurrence, supporter de grandes réductions de prix.

Quelquefois, la disparition d'un trafic qui serait enlevé par une ligne plus courte ne diminuerait ni les frais généraux ni le nombre des trains, et n'apporterait au personnel des gares qu'une réduction de peu d'importance. Dans ce cas, la Compagnie peut sans perte établir un tarif extrêmement faible et souvent inférieur à celui qui assurerait un produit net à ses concurrents.

Le parcours indirect est ici, pour la première Compagnie, un avantage réel. Le trafic disputé constitue le principal objet de l'exploitation rivale, tandis qu'il forme un simple accessoire de ses propres opérations : elle doit le conserver tant que les recettes qu'il donne surpassent les dépenses qu'il entraîne.

En résumé, je crois, contrairement à de nombreuses affirmations, que les grandes Compagnies peuvent faire avec avantage de larges abaissements de prix pour retenir certains trafics qu'on cherche à leur enlever.

Les considérations que je viens de développer se rattachent à une question économique bien connue. Lorsque des capitaux considérables ont été consacrés à des travaux auxquels on ne saurait donner une autre destination, les entrepreneurs, ne pouvant pas dégager leurs fonds, sont obligés de produire tant que les recettes donnent un intérêt suffisant au capital de roulement, le seul qu'ils puissent réaliser. La nécessité où ils se trouvent ainsi d'accepter au besoin des pertes sur la partie du prix de revient qui doit rémunérer le capital d'établissement, permet difficilement de leur faire concurrence (1).

Dans le cas que j'examine, la situation est encore plus mauvaise pour la Compagnie qui engage la lutte, car, en général, elle ne cherche à s'approprier qu'une faible partie du trafic du premier réseau, et celui-ci, ayant son existence assurée par les recettes qu'on ne lui dispute pas, peut soutenir les opérations de concurrence tant qu'il en retire un produit net quelconque.

Il n'est pas sans difficulté d'appliquer ces propositions à des situations déterminées, parce que le prix de revient des différents transports, base de tous les raisonnements,

(1) M. Michel Chevalier a présenté sur cette question des considérations d'un grand intérêt (*La Monnaie*, p. 549), extraites en partie d'un ouvrage de M. Senior (*Three lectures on the value of money*).

n'est connu avec quelque exactitude que dans le service de l'exploitation du réseau.

M. Courcelle-Seneuil a écrit :

Les personnes qui connaissent l'industrie savent qu'il n'y a pas de prix de revient du fil de coton ou de lin, ou de la barre de fer : il n'y a qu'un prix de revient, pour chaque entreprise, et le chef de cette entreprise est le seul qui le connaisse : encore ne le connaît-il pas toujours. (*Journal des Économistes*, janvier 1879.)

De son côté, M. Thiers a dit dans une discussion célèbre :

Si vous aviez cherché aussi souvent que moi les moyens d'établir les prix de revient, vous auriez vu que c'est la chose la plus difficile à fixer au monde (28 juin 1851).

Il est certain qu'on ne trouve aucune base précise pour répartir les frais généraux et beaucoup de dépenses qui doivent être appliquées aux divers produits d'une même entreprise dans des proportions évidemment différentes; et que, suivant les circonstances, on est conduit à varier les modes de calcul et les appréciations.

Malgré ces difficultés, je crois pouvoir présenter quelques applications à des questions actuelles.

Retour sur le transport des laines d'Alger à Roubaix. — Nous avons vu que, lorsqu'un trafic est établi dans de bonnes conditions, le chemin de fer pouvait abaisser ses prix de plus d'un tiers sans cesser d'avoir une recette nette. D'après ce résultat, nous devons penser que si l'on réduit à 51^{fr} la taxe de 76^{fr},50, pour le transport des laines de Marseille à Roubaix, les Compagnies toucheront encore un revenu, et qu'elles réalisent un bénéfice en portant pour

56fr,50 des produits qui leur échappaient presque entièrement.

Les Compagnies sont convenues entre elles de diriger par les voies les plus courtes les marchandises qui vont d'un réseau sur un autre. Le tarif réduit d'Alger à Roubaix a été établi dans le mois d'avril 1877. A cette époque, la ligne la plus courte de Marseille à Roubaix passait par Paris, et ne rencontrait pas de ville où l'industrie des laines eût quelque importance. La clause des stations non dénommées ne pouvait, en conséquence, imposer aucune charge.

Les choses se fussent passées autrement si l'embranchement de Dijon à Chaumont par Is-sur-Tille avait été ouvert; car la ville de Reims, qui emploie beaucoup de laines, se serait trouvée sur le parcours, et il eût été nécessaire de lui accorder un rabais de 12fr,50 qui eût imposé aux Compagnies une perte probablement plus grande que le bénéfice réalisé par l'opération pour les transports jusqu'à Roubaix [1].

Il y a donc lieu de croire que la clause des stations non dénommées eût maintenu le transport des laines d'Alger à la marine anglaise, au détriment de la nôtre et des Compagnies de chemins de fer, sans aucun avantage pour Reims, pour Roubaix ou pour l'Algérie.

[1] Le prix de transport des laines brutes en balles, d'Alger à Reims, s'établit ainsi :

Fret sur la Méditerranée, au minimum, par tonne.........	20fr »
Port depuis Marseille jusqu'à Reims.......................	69 »
Total.............	89fr »
La clause des stations non dénommées eût obligé de réduire à...	76fr 50
Avantage pour Reims............	12fr 50

La ligne de Dijon à Chaumont a été ouverte à la petite vitesse en octobre 1877. Il est alors devenu nécessaire de faire passer par Reims les laines expédiées d'Alger à Roubaix, et de nouveaux tarifs ont été mis à l'étude ([1]). Les Compagnies, pour éviter la perte qu'entraînerait le rabais de 12fr,50, et peut-être aussi pour avoir égard aux réclamations de Marseille, ont soumis à l'homologation un tarif qui supprime le prix de 76fr,50 au départ d'Alger, et en établit un de 66fr de Marseille à Roubaix. Reims gagne 3fr par tonne; mais, eu égard au fret de 20fr sur la Méditerranée, le prix d'Alger à Roubaix est augmenté de 9fr,50. On peut craindre que cette combinaison ne rende au pavillon anglais le trafic qu'il avait perdu.

A l'aide des tarifs de transit et des tarifs différentiels dégagés de la clause des stations non dénommées, les Compagnies pourraient étendre les débouchés de nos ports, et y attirer des marchandises qui aujourd'hui s'en éloignent. Loin de se plaindre de semblables mesures, Marseille devrait désirer leur extension pour augmenter ses relations avec la mer Noire, le Levant et les Indes, au détriment des ports de la Manche. Baignée par trois mers, placée entre l'Espagne et les autres contrées de l'Europe, la France peut trouver dans les longs transports à des prix très

([1]) Les engagements que les Compagnies ont entre elles ne sont pas tellement étroits que les itinéraires doivent être nécessairement changés le lendemain de l'ouverture d'une ligne qui modifie les distances relatives. Cela d'ailleurs serait peu possible, car il est nécessaire qu'une entente soit établie pour des tarifs spéciaux.

Avant la mise en exploitation de la jonction d'Is-sur-Tille, la Compagnie de l'Est ne pouvait élever aucune prétention sur le trafic de Marseille à Roubaix.

réduits des bénéfices certains, et une diminution des dépenses proportionnelles sur ses lignes, entraînant l'abaissement général des tarifs.

Lutte de l'Administration des chemins de fer de l'État avec la Compagnie d'Orléans. — L'Administration des chemins de fer de l'État, héritière des difficultés dans lesquelles les Compagnies secondaires de l'Ouest se trouvaient engagées, soutient une concurrence contre l'Orléans. Quelques personnes pensent que c'est la garantie accordée à cette Compagnie qui lui permet d'offrir au commerce des prix assez abaissés pour attirer sur ses lignes certains trafics malgré l'augmentation du parcours. La question a une grande importance, car on ne pourra éviter à l'avenir les combinaisons défectueuses que si la cause du mal est connue.

M. Wilson a fait, au nom d'une sous-commission parlementaire, un rapport dans lequel on trouve, au sujet des prix demandés pour un même transport sur les lignes de l'Orléans et sur celles de l'État, des comparaisons qui ne paraissent pas concluantes parce qu'elles sont établies uniquement d'après la longueur du parcours, tandis que les conditions techniques dans lesquelles un chemin a été construit exercent une grande influence sur les dépenses de l'exploitation [1]. M. Brière l'a montré d'une manière frappante en donnant des renseignements précis au sujet de la traction sur la ligne de Paris à Arvant par Figeac,

[1] J'ai déjà signalé ce fait, que la longueur est regardée par quelques personnes comme le seul élément d'un chemin de fer qu'il y ait à considérer. (*Voir* p. 12.)

dont les diverses sections ont des déclivités très différentes.

La même machine qui part de Paris en traînant 880 tonnes est obligée d'en laisser 180 à Orléans et ne peut plus en tirer que 700 au delà de ce point; arrivée à Limoges, il lui faut en laisser 260, et elle ne peut en remorquer que 440 jusqu'à Nexon; arrivée à Nexon, elle est obligée d'en laisser 240, et elle ne peut plus en traîner que 200 jusqu'à Figeac. Enfin, à Figeac, il faut encore qu'elle s'allège de 70 tonnes : elle ne peut plus en remorquer que 130. Ainsi, partie de Paris avec 880 tonnes, elle arrive à Arvant avec 130.

Quelques lignes plus loin, M. Brière écrit :

Les trois villes de Brives, Limoges et Périgueux forment les trois sommets d'un triangle dont chaque côté est une ligne de chemin de fer ; sur la carte, ces trois côtés sont sensiblement égaux. Les trois lignes appartiennent à la Compagnie d'Orléans; il n'y a donc aucune concurrence à faire intervenir. Il paraît donc bien certain que les marchandises de Brives pour Limoges suivront directement la ligne qui réunit ces deux villes. Eh bien, il n'en est rien, et toutes les marchandises de Brives pour Limoges passent par Périgueux, parcourant ainsi une distance double. C'est que, entre Brives et Limoges, on rencontre des pentes très raides qui obligent à réduire la charge des locomotives, et telle machine qui remorque trente wagons pleins entre Brives, Périgueux et Limoges, n'en traînerait que douze entre Brives et Limoges. Au point de vue du prix de revient, il y a donc moins loin de Brives à Limoges en passant par Périgueux qu'en y allant directement.

M. Paul Leroy-Beaulieu a présenté des considérations du même genre, qu'il a également appuyées de plusieurs exemples (1). Il a cité notamment la Compagnie de Lyon-

(1) *Économiste français*, 21 février 1880.

Méditerranée, qui, ayant à choisir pour le trafic de Montpellier à Paris entre deux chemins qui lui appartiennent, donne au plus long, à celui qui suit les vallées du Rhône et de la Saône, la préférence sur la ligne plus directe ouverte dans les contrées montagneuses du Bas-Languedoc et de l'Auvergne (1).

L'importance du trafic est également à considérer. « Il est clair, dit M. Brière, que le prix de revient du transport est plus faible entre Paris et Chartres, où il passe 685000 tonnes, qu'entre Rennes et Brest, où il en passe 106000. »

Dans les parcours mis en parallèle par M. Wilson, on a en général d'un côté les grandes lignes de la Compagnie d'Orléans, et de l'autre des chemins secondaires, moins fréquentés, moins bien établis, et sur lesquels, par conséquent, les frais de traction sont plus élevés.

Sans faire de comparaison, j'ai cherché à reconnaître si les réductions de tarif faites par l'Orléans dépassent d'une manière certaine la limite à laquelle s'arrêtent les bénéfices nets. Obligé de raisonner uniquement d'après la longueur, j'ai calculé les prix kilométriques dans les

(1) On lit dans un discours que M. Gottschalk a prononcé à la Société des Ingénieurs civils, en prenant la présidence pour 1880 :

« Pour nous, qui avons dirigé pendant plus de dix ans le service du matériel et de la traction d'un des réseaux les plus difficiles de l'Europe..., nous savons que l'exploitation des sections difficiles est affaire de pure mécanique, et que, si les machines sont bien appropriées au profil, il n'en résulte pour l'ensemble qu'une augmentation relativement faible sur les frais d'exploitation, contrairement à des croyances trop répandues. »

Cette opinion a été très remarquée, par suite de la situation qu'occupe M. Gottschalk et de son mérite incontesté ; toutefois, elle ne pourra être appréciée que si le savant ingénieur fait connaître les éléments d'information qu'il possède. Alors seulement les mots « relativement faible » auront une signification précise.

tarifs spéciaux signalés par M. Wilson, et, retranchant des nombres ainsi obtenus 2c,89, moyenne des frais d'exploitation de tout genre, d'après M. Baum, j'ai eu les résultats suivants :

DÉSIGNATION DES TRAFICS.	PRIX du transport d'une tonne tous frais compris.	DISTANCE.	PRIX kilométrique.	EXCÈS du prix kilométrique sur 2c89.
	fr. c.	kilomètres	centimes	centimes
VINS ET SPIRITUEUX.				
Villeneuve-sur-Lot à Nantes .	27 50	687	4.00	+ 1.11
EAUX-DE-VIE (exportation).				
Angoulême à Saint-Nazaire. .	22 35	473	4.73	+ 1.84
CÉRÉALES.				
Bordeaux-Bastide à Bressuire.	16 28	392	4.15	+ 1.26
Albi à la Rochelle	25 00	604	4.14	+ 1.25
SUCRES RAFFINÉS.				
Nantes à Agen.	27 60	706	3.91	+ 1.02
BOUTEILLES VIDES.				
Montluçon à Angoulême . .	20 50	352	5.82	+ 2.93
CIMENTS.				
Fumel à la Roche-sur-Yon.. .	18 00	738	2.43	— 0.46
CHAUX ET CIMENTS.				
Luxé à Limoges..	7 00	233	3.00	+ 0.11

Les prix kilométriques relatifs aux chaux et aux ciments diffèrent peu de la moyenne des frais d'exploitation; les autres sont tellement au-dessus, que l'on doit tenir pour certain que les transports auxquels ils correspondent assurent plus de recettes qu'ils n'entraînent de dépenses.

Le nombre 2c,89 résulte, il est vrai, de documents relatifs aux années 1872-1874, et depuis cette époque les dépenses de l'exploitation paraissent s'être un peu élevées; mais l'augmentation porte principalement sur les nouvelles sections, qui, en général, sont moins bien établies, et qui n'ont d'ailleurs qu'un faible trafic.

Il n'est pas possible d'apprécier avec une entière certitude les conséquences des deux tarifs qui concernent les chaux et les ciments, mais on doit remarquer que le prix kilométrique de $2^c,43$, le plus réduit de tous, correspond à un trajet de 738^{km}, qui est le plus considérable.

Les parcours rivaux comprennent diverses sections du réseau de l'Orléans, et, par suite, si cette Compagnie renonçait à la lutte, elle ne perdrait pas entièrement le trafic qu'on lui dispute. Des renseignements précis et minutieux pourraient seuls permettre d'apprécier quels seraient pour elle les résultats d'une telle détermination.

Le rachat est l'éventualité menaçante pour l'Orléans. Les actes de concession établissent les bases de cette opération pour le cas où les pouvoirs publics prescriraient de la faire; le prix sera fixé d'après le produit net, et l'on en déduira le montant cumulé des sommes payées pour la garantie. L'intérêt de la Compagnie, si ses lignes sont rachetées, est donc de développer le plus possible le produit net. C'est encore évidemment son intérêt si elle doit accomplir sa carrière. (*Voir* p. 21.) Or, elle a des renseignements positifs sur les prix de revient de tous ses transports. On ne comprendrait pas qu'elle pût engager des opérations qui, sans lui donner aucun avantage actuel, seraient de nature à aggraver sa position dans toutes les éventualités.

Les considérations que j'ai présentées sur les tarifs de

concurrence me semblent expliquer complètement la conduite de la Compagnie d'Orléans. Je crois qu'elle recherche les transports qui peuvent lui donner un bénéfice net, si petit qu'il soit, et non ceux qui lui imposeraient des pertes, absolument comme si aucun revenu ne lui était garanti. S'il en est ainsi, on peut apprécier d'une manière générale les conséquences que les opérations de concurrence entraînent pour l'État : il gagne comme garant de l'Orléans et perd comme propriétaire des lignes rivales, mais sans qu'il y ait compensation. La réduction de la garantie ne saurait être, en effet, que très faible, tandis que la diminution des recettes sur le réseau de l'État est considérable.

En résumé, il ne me paraît nullement établi que la garantie accordée pour le produit net constaté exerce aucune influence sur la Compagnie d'Orléans pour la soutenir dans les luttes où elle est engagée. Cette combinaison a été très utile et peut rendre encore de grands services. Il serait regrettable qu'elle fût condamnée sans que son action eût été minutieusement examinée.

Nous avons vu précédemment que, dans l'opinion de M. Lemercier, si la Compagnie des Charentes avait eu le moyen de vivre, elle se serait entendue très vite et très bien avec l'Orléans (p. 92). L'État a remplacé les Charentes et la situation est restée la même. Je ne sais si la Compagnie d'Orléans s'est montrée plus exigeante que ne le pensait M. Lemercier, ou si l'Administration des chemins de fer de l'État n'a pas voulu se soumettre à des conditions que les Charentes auraient acceptées. Mais, ce qu'il importe de constater, c'est le peu de succès des combinaisons adoptées pour maintenir distincts les deux réseaux entrelacés, et la force qui tend à les réunir [1].

Emprunt du territoire étranger. Décision du 11 juillet 1879. — Un fait de quelque gravité vient de se produire.

Aux termes d'une loi de 1791, la douane ne doit permettre l'emprunt du territoire étranger dans le transport des marchandises entre deux points de la France qu'en cas de nécessité. Diverses dérogations, qui étaient tolérées, ont été supprimées par une décision du 11 juillet 1879, prise sur la demande des Compagnies du Nord et de l'Est.

La Chambre de Commerce de Nancy s'est émue, et a adressé au Ministre du Commerce une lettre dont voici le passage essentiel :

Depuis longtemps l'industrie de notre région avait pris l'habitude d'employer les chemins de fer des pays voisins pour transporter les produits qu'elle expédie dans les ports de la Belgique

[1] Des renseignements récents publiés par M. de Fontpertuis dans l'*Économiste français* (6 mars 1800), confirment ce que l'on savait sur les suites des concurrences qui peuvent s'élever entre les Compagnies de chemins de fer.

Aux Etat-Unis, les entreprises se groupent dans des syndicats qui prennent le nom de *pools* et dont la base est le partage proportionnel du trafic. Ce mode, d'après M. Nimmo, secrétaire du Bureau de Statistique, affecte à un haut degré les caractères du monopole. Il a pour but de garantir les Compagnies « contre les hasards de la concurrence illimitée, et de leur assurer la rentrée intégrale de la quote-part qui est assignée à chacune d'elles dans la répartition du fonds commun. Ce n'est pas sans répugnance qu'elles se sont décidées à en venir là : il a fallu pour les y amener la désastreuse expérience qu'elles ont faite, pendant de longues années, d'une concurrence à outrance, et la conviction qu'elle leur a laissée que, dans cette guerre à coups de tarifs, chacun des compétiteurs possède le moyen de faire du mal, beaucoup de mal, à ses rivaux, bien plus que ceux de se faire du bien à lui-même. »

et dans les départements du nord de la France, ainsi que les matières premières et fabriquées qu'elle tire de ces mêmes départements. Bien que la marchandise fît un trajet plus long pour parvenir à destination, grâce à la modération des tarifs appliqués particulièrement sur les lignes belges, l'industriel réalisait une économie dont il faisait profiter ses prix de revient.

Ainsi, pour les filés, l'économie était de 23.90 0/0. Pour les fers et les fontes à destination de Bordeaux et de Nantes, en les dirigeant sur Anvers de préférence à Dunkerque, elle atteignait 50 0/0 environ pour le parcours terrestre. Nous pourrions multiplier des exemples qui vous prouveraient les avantages considérables que l'industrie et le commerce retiraient de cette *tolérance* que l'on vient de leur enlever d'une manière si inopportune.

Le développement du commerce international est du plus haut intérêt pour l'industrie des transports. Les Compagnies de chemins de fer devraient naturellement repousser le système protecteur, et ce n'est pas sans surprise qu'on peut les voir s'y engager au point de solliciter des mesures prohibitives contre la rivalité des lignes étrangères.

La déposition faite par M. Mathias, chef d'exploitation de la Compagnie du Nord, devant la Commission d'enquête du Sénat, dans sa séance du 7 février 1878, jette une grande clarté sur la question. On y lit :

La clause des stations non dénommées nous enlève, dans certains cas, tout moyen de défense contre l'application des tarifs de transit par la Belgique, le grand-duché de Luxembourg et l'Alsace-Lorraine à des marchandises transportées entre deux villes françaises, entre Roubaix et Saint-Dié, par exemple.

Il y a quelques années, M. le Ministre des Travaux publics, sur des observations de la Chambre de commerce d'Épinal, a attiré l'attention des Compagnies du Nord et de l'Est sur ce fait qu'on achetait à Saint-Dié des filés de laine de Roubaix et qu'au lieu de les faire venir par chemin de fer français, voie naturelle, on avait une économie considérable à les faire expédier par la Belgique. Le prix de la tonne de filés de laine de Roubaix à Saint-Dié par la Belgique ressort, en effet, à 47^{fr},55, taxe qui correspond à un parcours de 286^{km} sur les chemins de fer français au tarif de la première série. Or, la distance réelle est de 555^{km} *viâ* Laon, et le prix est de 90^{fr},70 au lieu de 47^{fr},35.

S'il ne s'était agi que de baisser nos tarifs pour les transports effectués entre Roubaix et Saint-Dié par la Belgique, nous n'aurions pas hésité à concurrencer le tarif de transit appliqué entre Mouscron et Pagny. Mais la réduction de taxe aurait réagi, à raison de la clause des stations non dénommées, sur toutes les localités du parcours, telles que Cambrai, Saint-Quentin, Reims, qui ont des relations suivies avec Saint-Dié et beaucoup plus importantes que celles signalées de Roubaix à Saint-Dié. Au départ de ces trois villes, les prix par 1000^{kg} de filés de laine sont, pour Saint-Dié, de 77^{fr},70, 69^{fr},20, 52^{fr},20. Nous aurions été amenés à les taxer à raison de 47^{fr}, quoique, par leur situation éloignée de la frontière belge à Mouscron, dont Roubaix n'est qu'à 8^{km}, ces villes n'avaient aucun motif de concurrence étrangère à invoquer pour obtenir des réductions variant de 30 à 5^{fr} par tonne.

Les circonstances, pour les fers expédiés vers Nantes et vers Bordeaux, sont probablement du même genre, mais je n'ai pas sur ce trafic des renseignements aussi certains.

Si l'on tient à conserver la clause des stations non dénommées, il me semble qu'on pourrait soustraire à son action les tarifs intérieurs dans le cas de concurrence avec les lignes étrangères, comme on en a soustrait les tarifs de transit.

En résumé, je crois qu'on devrait permettre aux Compagnies de régler leurs prix d'après l'offre et la demande, et aux expéditeurs de faire leurs envois par les lignes qui présentent les meilleures conditions. Tout chemin de fer qui, bien que délivré de la clause des stations non dénommées, ne pourrait soutenir la concurrence étrangère, devrait se résigner à voir des transports lui échapper.

Tant que les prescriptions qui pèsent actuellement sur nos lignes n'auront pas été levées, il paraît juste d'interdire l'emprunt du territoire étranger pour les transports entre deux stations françaises, sauf en cas de nécessité.

On peut penser que si les Compagnies étaient libres de soutenir la concurrence des lignes étrangères, dans la plupart des cas la lutte ne s'engagerait même pas, ou que du moins elle serait promptement terminée.

Revenons au transport des filés de Roubaix à Saint-Dié : depuis la décision du 11 juillet 1879, les Compagnies ont abaissé le prix à 48[fr]. Il est possible qu'elles agissent ainsi pour diminuer la vivacité des réclamations, mais on doit remarquer que, n'étant plus en présence de rivaux moins gênés dans leurs opérations, elles peuvent prévoir toutes les conséquences d'un abaissement de prix. Les Compagnies ne doivent réduire leur tarif qu'avec beaucoup de prudence, parce que les relèvements présentent des difficultés sous plus d'un rapport.

Tarifs internationaux.

Les nécessités commerciales ont naturellement conduit les Compagnies à établir des tarifs spéciaux réglés d'après la valeur des transports. Il en résulte que, dans certains cas, un producteur étranger obtient des prix kilométriques plus avantageux qu'un concurrent français pour des fournitures sur notre territoire.

Les tarifs qui amènent des résultats de ce genre ont été appelés, dans la polémique, *tarifs de pénétration*, et sont très critiqués ([1]). L'opinion publique s'est surtout occupée des conditions faites au transport des houilles de Lens à Paris. Voici dans quels termes la question a été signalée au Parlement :

La Compagnie du Nord transporte à Paris pour le même prix ($7^{fr},40$) la tonne de houille anglaise qui vient de Dunkerque (304^{km}), la tonne de houille belge qui vient de Quiévrain (262^{km}), et la tonne de houille indigène qui vient de Lens (210^{km}). Vous voyez qu'on donne environ 90^{km} d'avance à la houille anglaise, et 52^{km} à la houille belge.

M. Brière présente à ce sujet les observations suivantes :

Parlons d'abord des houilles belges. Quiévrain n'est qu'un point de passage, c'est le bureau de douane; ce qui est intéressant, c'est Mons, bassin houiller qui approvisionne Paris en concurrence avec les houilles françaises. Ces houilles viennent à Paris, soit par bateau, soit par chemin de fer; or, par bateau, il n'y a pas plus loin de Mons à Paris que de Lens à Paris, et, par conséquent, en faisant payer le même prix, la Compagnie du Nord n'a pas aggravé la situation des mines de Lens, d'autant plus qu'aux $7^{fr},40$ prélevés par le réseau français, il faut encore ajouter le prix du transport sur les rails belges...

Passons aux houilles anglaises. Les charbons anglais à desti-

([1]) La *Réforme des chemins de fer* a publié trois articles qui contiennent toutes les critiques adressées aux *tarifs de pénétration* (15 janvier, 1er mars et 1er mai 1880).

On lira avec intérêt des considérations dans un sens opposé présentées par M. Brière (*Revue des Deux-Mondes*, 1er avril 1880, p. 686), et par M. Level (*L'Exploitation par l'État et par l'industrie privée*, p. 42).

nation de Paris arrivent en France dans l'un des ports de la Manche compris entre le Havre et Dunkerque ; le grand courant est par le Havre ; les navires rompent charge au Havre ou à Rouen et transbordent leur chargement sur des chalands qui remontent la Seine. Ce procédé, étant le plus économique, est le régulateur de la valeur du transport. Si Dunkerque veut prendre sa part dans ce grand mouvement, il faut que le chemin de fer du Nord consente des tarifs extrêmement réduits de Dunkerque à Paris : c'est ce qu'il fait ; mais la houillère de Lens n'a pas à s'en plaindre, car le tarif de 7^{fr},40 de Dunkerque à Paris n'a pas pour résultat d'introduire une tonne de houille anglaise de plus, il fait seulement passer par Dunkerque et les rails du Nord ce qui passerait par le Havre et la Seine.

Si l'on accorde à Lens le même prix kilométrique qu'à Quiévrain, la taxe se trouvera réduite à 5^{fr},93, et la batellerie, qui est obligée de suivre par les canaux de la Deule et de Saint-Quentin un itinéraire allongé, ne pourra pas lutter. On accusera la Compagnie du Nord de ruiner systématiquement les concurrences ; on dira qu'elle se montre impitoyable parce qu'elle sait que la garantie l'appuiera au besoin. Il est probable d'ailleurs que la mine de Lens, bien que favorisée, regretterait quelquefois les services de la batellerie.

Élèvera-t-on, au contraire, le prix kilométrique de Quiévrain au niveau de celui de Lens ? La taxe de Mons à Paris sera alors de 10^{fr},23, en y comprenant 1^{fr} pour le trajet en Belgique. L'équilibre sera entièrement rompu, et la houille de Mons ne nous arrivera plus que par les canaux.

Les tarifs actuels me paraissent donc justifiés. Leur éréquation kilométrique, de quelque manière qu'on l'effectuât, serait préjudiciable à la Compagnie du Nord, et supprimerait le partage du trafic entre les wagons et les bateaux. Le principe de la longueur dans l'établissement des prix ne laisse aucune place à la concurrence.

Je ne pourrais pas donner des détails aussi précis sur tous les *tarifs de pénétration* qui ont été indiqués, mais l'exemple des mines de Lens suffit pour montrer qu'il n'y a ici aucune machination, et que la difficulté de s'entendre provient uniquement de ce que les Compagnies règlent les prix d'après la valeur des transports, autant que cela leur est permis, tandis que souvent on regarde que la longueur est le seul élément à considérer. Les deux règles conduisant à des résultats très différents, les personnes qui ont adopté la seconde sont conduites à blâmer fréquemment, mais les critiques qu'elles présentent n'auraient de l'importance dans une discussion scientifique que si le principe de la taxe kilométrique était établi.

On a dit que le patriotisme repoussait les *tarifs de pénétration*.

Le législateur peut, en réglant les droits à la frontière, atténuer, dans la mesure qu'il juge convenable, les avantages qu'il a donnés au commerce extérieur par la construction des canaux et des chemins de fer internationaux, ainsi que par l'amélioration des ports maritimes ; mais, lorsque ces droits ont été fixés, il me semble que les industries de toute nature doivent avoir la liberté de suivre les lois économiques qui dominent leurs opérations. Quand deux entreprises sont nationales au même titre, je ne vois pas pourquoi le patriotisme exigerait que l'une d'elles s'occupât des intérêts de l'autre plus que des siens propres.

Assertion de M. Emile Level sur l'impossibilité d'établir une formule tenant compte de toutes les circonstances qui influent sur les tarifs.

Un ingénieur dont les publications sur les chemins de fer ont été accueillies avec faveur, M. Level, a fait paraître récemment un article consacré en grande partie aux tarifs. Dans ce travail, après avoir discuté quelques-unes des réclamations que soulèvent les prix actuellement perçus, il dit :

> En exposant brièvement les objections produites au sujet des tarifs, nous avons voulu surtout réagir contre la tendance de certains esprits à rechercher une formule capable de résoudre tous les problèmes économiques soulevés au nom des intérêts multiples desservis par les chemins de fer. Jamais une formule ne pourra tenir compte, à la fois, de la nature du trafic propre à chaque région, de la concurrence des voies navigables, des indications de l'offre et de la demande, de la valeur relative de la marchandise, du rapport entre la production éventuelle d'un pays et la capacité de transport des instruments de circulation. (*Les Chemins de fer devant le Parlement. L'exploitation par l'État et par l'industrie privée*, p. 49.)

Je dois présenter quelques explications pour faire ressortir une confusion qui s'est introduite dans ce passage.

Considérons d'abord une marchandise proprement dite : les différentes circonstances qui en déterminent le prix, telles que le degré de prospérité du pays où la consommation doit avoir lieu, les inquiétudes politiques, certaines découvertes industrielles, etc., agissent les unes sur l'offre, les autres sur la demande, et n'exercent d'action que par leur intermédiaire. Le prix résulte des transactions que consentent librement des hommes qui forment deux groupes : les uns offrent, les autres demandent. Il me paraît impossible de concevoir comment une circonstance qui n'aurait aucun effet sur leurs résolutions, c'est-à-dire sur l'offre et la demande, pourrait élever ou abaisser le prix.

Passons aux transports : les Compagnies qui, à un titre quelconque, exploitent des chemins de fer, les voituriers, les bateliers et les marins font au public des offres qu'ils modifient de temps en temps suivant l'importance des demandes et différentes causes extérieures. Le but qu'ils poursuivent est d'obtenir le plus grand produit net. Les circonstances énumérées par M. Level et beaucoup d'autres agissent sur l'offre ou la demande, mais non pas directement sur le tarif. Ainsi « la nature du trafic propre à chaque région » ne se manifeste que par des différences dans les demandes de transport (1).

Je conclus que l'offre et la demande sont les résultantes des influences qui tendent, les unes à réduire, les autres à élever, un prix, et qu'on ne doit pas les asssimiler aux circonstances commerciales qui agissent par leur intermédiaire (2).

Il est d'ailleurs facile de prouver en quelques mots l'existence d'une formule capable, non « de résoudre tous

(1) Le lecteur a sans doute remarqué que la demande et l'offre sont en évidence dans la dernière des circonstances énumérées par M. Level.

(2) La confusion que je signale a été faite par Proudhon lorsqu'il a écrit : « Ce principe secret d'amélioration ne peut être, ni la concurrence, ni les machines, ni la division du travail, ni l'offre et la demande : tous ces principes ne sont que des leviers qui, tour à tour, font osciller la valeur » (*Contradictions économiques*).

les problèmes économiques soulevés au nom des intérêts multiples desservis » par une industrie quelconque, mais d'exprimer la loi suivant laquelle se règlent les prix lorsque l'autorité publique n'intervient pas, et par suite de diriger d'une manière sûre dans bien des circonstances :

Les marchandises les plus diverses et les services de toute nature, considérés au point de vue de l'échange et de la rémunération, sont évalués à l'aide d'une seule unité, le franc. De là résulte que nous avons un mode d'appréciation applicable à la généralité de la production. La formule est l'expression de ce mode.

Examen de différentes bases proposées pour les tarifs.

Après avoir établi directement que le principe des tarifs réside dans la valeur des transports, et avoir montré par diverses applications les principales conséquences de cette proposition, je crois utile de faire voir que les autres bases qui ont été proposées ne peuvent être admises.

Tarif réglé d'après la longueur du trajet. — A l'origine, l'opinion que les prix doivent être proportionnels aux longueurs du trajet a été acceptée par tout le monde. Dans le commerce, le prix d'une marchandise est réglé, pour chaque qualité, par la quantité, et l'assimilation paraissait naturelle; mais, en réalité, elle est fausse, parce que les divers transports sont dans des conditions économiques différentes. Tout transport d'un certain produit entre deux stations déterminées est une marchandise spéciale.

Je me suis étendu assez longuement sur les inconvénients de la clause des stations non dénommées, pour qu'il soit peu utile de revenir sur la question qu'elle soulève. Je me bornerai à faire connaître les règles auxquelles les nécessités commerciales ont conduit les Compagnies anglaises.

On lit dans la *Revue générale des chemins de fer* (1) :

Non seulement les tarifs ne sont en aucune façon kilométriques, mais il est parfaitement admis que les taxes peuvent être plus élevées entre deux stations intermédiaires qu'entre les deux points extrêmes...

Les Compagnies anglaises ont ainsi toute latitude pour satisfaire aux besoins les plus variés de leur clientèle : elles peuvent, par exemple, en établissant des prix très réduits, permettre aux transports qui s'échangent entre les différents ports de l'Angleterre, de s'effectuer par la voie de fer concurremment avec la voie de mer, sans être entraînées à abaisser par contre-coup leurs tarifs intérieurs...

Les prix des tarifs anglais, aussi bien des tarifs généraux que des tarifs spéciaux, sont établis sous la forme de *prix fermes*, fixés d'après l'appréciation toute commerciale de la taxe qu'il faut percevoir pour obtenir le transport, et en dehors de toute formule de base kilométrique. Il serait donc absolument illusoire de rechercher les bases kilométriques des tarifs anglais.

Ces renseignements me paraissent avoir quelque importance.

Tarif d'après le prix de revient des transports. — Un assez grand nombre des chemins de fer de la France et de

(1) Compte rendu de l'*Étude sur les installations et l'organisation des chemins de fer anglais*, ouvrage de M. Wehrmann, par M. Crété, chef du bureau des Tarifs au chemin de fer du Nord. — Août 1879.

l'étranger, considérés en dehors des réseaux auxquels ils appartiennent, ne réalisent pas des recettes suffisantes pour assurer un intérêt convenable au capital de premier établissement, et aucun tarif ne saurait changer cette situation. La taxe est alors nécessairement inférieure au prix de revient des transports.

Que penser d'une règle inapplicable dans un cas qui se présente souvent?

On dira peut-être que, lorsqu'il n'est pas possible d'élever les recettes au niveau des prix de revient, il faut les en rapprocher le plus possible, et pour cela établir le tarif qui donnerait au produit net sa grandeur maximum. Ce serait abandonner la règle proposée et adopter le principe de la valeur.

Si le trafic de la ligne est susceptible de donner au capital une rémunération convenable, on peut chercher à régler les taxes d'après les prix de revient, malgré la difficulté de les apprécier, mais on serait conduit à d'étranges anomalies.

Les différentes sections d'un chemin ont exigé pour leur construction des dépenses très diverses. Le tarif présenterait, en conséquence, des variations qui ne correspondraient ni à des circonstances commerciales, ni à des difficultés d'exploitation, et qui introduiraient dans les opérations un véritable trouble. Ainsi, par exemple, un industriel pourrait être conduit à ne pas diriger ses expéditions vers la gare la plus rapprochée de son usine. Il paraît difficile d'admettre une règle qui déterminerait fréquemment de fausses manœuvres.

La partie du prix de revient qui correspond aux frais

d'exploitation présente également des irrégularités, comme je le montrerai au paragraphe suivant.

Si l'on raisonnait d'après l'ensemble des dépenses pour la construction et l'exploitation, on obtiendrait des prix moyens, mais non un tarif, c'est-à-dire une série de prix applicables aux diverses marchandises sur les différentes sections du chemin.

Tarif réglé d'après les frais d'exploitation. — Les recettes ne couvrent pas les dépenses de l'exploitation sur certains chemins, que cependant on continue à exploiter parce qu'ils sont utiles au pays, et que le développement du trafic fait espérer de meilleurs résultats. Il est impossible d'établir sur ces lignes les prix d'après les dépenses.

Cette base conduirait d'ailleurs à de singulières anomalies. J'en indiquerai une :

On ne peut modifier à toutes les stations la composition des trains de voyageurs. Il est nécessaire que sur une certaine longueur, à partir de chaque grande ville centre d'activité d'une région, la même locomotive traîne les mêmes voitures, fussent-elles devenues presque entièrement vides près du terme de leur course. Un voyageur qui, monté à Nantes dans le train de Saint-Nazaire, en descend à la Basse-Indre (10^{km}), coûte à peu près autant à la Compagnie d'Orléans que s'il ne s'arrêtait qu'à Savenay (39^{km}). Les personnes qui vont de la Basse-Indre à cette dernière ville n'occasionnent actuellement presque aucune dépense. D'après ces résultats et bien d'autres qu'il est inutile de signaler, je ne comprends pas comment il pourrait être possible de régler un tarif sur les dépenses réelles d'exploitation qui correspondent aux divers transports.

Question des matières premières. — Conformément à des considérations que j'ai développées, la valeur du transport s'abaisse pour les marchandises dont le commerce est susceptible de prendre une grande extension. On doit ranger dans cette catégorie les matières que consomment les industries dans lesquelles le prix seul limite les débouchés.

Quelquefois, on a posé en principe la réduction du tarif pour les matières premières. Cette règle est justifiée en grande partie par les observations qui précèdent, mais je crois qu'on ne doit pas la présenter d'une manière exclusive [1]. Le bas prix des transports est aussi utile aux manufacturiers dans leurs expéditions que dans leurs approvisionnements. J'ai reproduit un passage d'une lettre par laquelle la Chambre de Commerce de Nancy réclame au même titre des tarifs réduits pour les filés de laine, matière première de l'une des industries de la circonscription qu'elle représente, et pour les fers, qui sont les produits d'une autre industrie. Les matières qu'une usine met en œuvre présentent un tonnage plus grand que les marchandises qu'elle fabrique, mais ces dernières sont souvent envoyées à des distances plus considérables.

Il est vrai que les matières premières exigent des avances, tandis que souvent les produits restent dans les

[1] L'opinion qu'il convient de protéger par des mesures spéciales l'importation et le transport des matières premières, ou, comme on disait autrefois, des matières *crues*, est très ancienne.

magasins de l'usine, jusqu'à ce que le commerce les réclame pour la vente, mais cette circonstance elle-même influe sur les prix tels que nous les concevons établis. La valeur des transports correspond, en effet, au maximum du produit net, qui ne saurait être obtenu par des combinaisons mal appropriées aux conditions dans lesquelles les différentes industries opèrent.

En second lieu, l'expression de *matières premières* n'a une signification précise que pour une fabrication déterminée [1]. Les filés de laine sont des *produits* à Roubaix et une *matière première* à Saint-Dié. Dans les discussions qui, en Angleterre, ont amené le rappel de la loi sur les céréales, on a souvent objecté aux doctrines de la ligue que l'immunité des droits d'entrée ne devait pas être accordée pour le froment, parce qu'il n'est pas une matière première. Diverses réponses ont été faites à cet argument; mais un manufacturier de Manchester, M. Ashworth, acceptant la règle invoquée, a répondu que les aliments étaient la matière première du travail. Le pain est, en effet, aussi nécessaire pour la fabrication des draps que la laine, et pour la construction des machines que le fer.

En résumé, je suis loin de contester qu'il soit d'une grande importance que les industries susceptibles de prendre du développement puissent avoir leurs matières premières à bas prix, mais je crois que le principe de la valeur répond à cette considération en ce qu'elle a de juste, et je doute qu'il soit utile d'accepter une règle spé-

[1] On comprend qu'il n'est pas question ici du langage adopté dans nos documents statistiques, où l'expression de *matières premières* est appliquée exclusivement à certaines marchandises.

ciale que l'on est facilement conduit à considérer comme dérivant d'un principe distinct, et qui alors devient une cause de confusion.

Question des situations topographiques et des courants commerciaux. — On voit, dans le rapport de M. Wilson sur le rachat du réseau d'Orléans, que le Ministre des Travaux publics (M. de Freycinet), formulant les règles à suivre en matière de tarifs, a recommandé « d'éviter de bouleverser les conditions naturelles résultant des distances ou de la situation topographique, et de déplacer les courants commerciaux. »

Les courants de circulation ont été l'objet de diverses études. On a reconnu qu'ils possèdent, en géneral, une grande résistance au déplacement et une tendance à revenir au parcours qu'ils avaient choisi quand on les en a éloignés [1].

Vasco de Gama et Ferdinand de Lesseps se sont également illustrés, l'un en détournant de son ancienne direction le commerce des Indes avec l'Europe, l'autre en l'y rétablissant. Au point de vue économique, leurs œuvres ne sont pas opposées : chacun d'eux a notablement diminué le prix de revient du transport, et c'est là le but qu'on doit se proposer dans toutes les questions relatives aux voies de communication.

Prenons un exemple plus modeste : Nous avons vu que la ligne de Brives à Limoges a de grandes déclivités.

[1] *Voir* notamment une *Étude sur les courants de circulation*, par M. Parandier. Ce travail doit paraître très prochainement dans les *Annales des Ponts et Chaussées*.

On peut prévoir que l'augmentation du trafic d'une part, et le développement des capitaux de l'autre, conduiront un jour à faire les travaux nécessaires pour rendre la traction moins dispendieuse sur ce chemin. Le trafic entre Brives et Limoges, qui passe maintenant par Périgueux, lui sera alors rendu. Je ne vois là qu'une question de valeur.

En ce qui concerne les situations topographiques, il est certain que les efforts des sociétés modernes pour perfectionner les communications tendent à changer les conditions primitives des relations entre les divers pays et entre les différentes localités d'une même contrée. La construction d'un ouvrage tel qu'un pont ou un tunnel est surtout utile lorsqu'elle modifie beaucoup les échanges et les itinéraires. M. Brière a présenté sur cette question des observations d'un grand intérêt.

Ces considérations conduisent à des conclusions de quelque importance relativement au tracé des lignes, mais, pour les tarifs, elles ne peuvent servir qu'à attirer l'attention sur la valeur de certains transports, car c'est là qu'il faut toujours revenir, la valeur permettant seule de comparer des avantages différents.

Observations générales sur l'attribution à l'État du règlement des tarifs. — Quelques publicistes contestent à l'État les aptitudes nécessaires pour la direction des affaires commerciales, et cependant veulent lui remettre le règlement des tarifs, qui, sous ce rapport, est la question la plus épineuse de l'exploitation.

On a beaucoup parlé dans ces derniers temps d'une

administration publique qui n'aurait pas su conclure des marchés en temps convenable. Je doute beaucoup que des fautes de ce genre ne soient jamais commises par les Compagnies. Le cours des marchandises subit des variations qui surprennent parfois les négociants les plus habiles.

Je regarde comme certain que les questions qui se rapportent aux marchés présentent relativement peu de difficultés : les prix sont connus ; l'expérience a prononcé sur les meilleures formules à adopter dans les adjudications et les traités de gré à gré, pour les garanties, les délais de livraison, les vérifications, les paiements. Ce n'est d'ailleurs que dans des cas très rares qu'il peut être utile de déroger aux règles ordinaires.

En ce qui concerne les tarifs, si l'on veut développer l'activité du pays sans sacrifier follement les recettes, il faut faire une étude minutieuse et continue des ressources propres aux diverses contrées, et des développements que prennent les différentes industries. Cette question exige une attention soutenue, car les fautes que l'on peut y commettre ont une importance extrême. Des hommes engagés dans les affaires commerciales me paraissent plus propres que tous autres à apprécier les situations et à prendre des déterminations raisonnées.

Unification des tarifs.

Beaucoup de personnes demandent l'unification des tarifs. Il s'agirait de classer les marchandises en un petit nombre de catégories, qui seraient les mêmes pour toute la France, et de régler les prix, dans chacune d'elles, d'après la longueur du trajet. J'ai déjà examiné cette combinaison (p. 4), et j'en ai montré les inconvénients.

On a proposé d'apporter au tarif simplement kilométrique deux modifications : la première consisterait à remplacer les longueurs sur rails par des distances calculées à l'aide d'une formule mathématique qui tiendrait compte des déclivités et des courbes. D'après la seconde, les prix augmenteraient moins rapidement que le parcours.

En opérant ainsi, on tiendrait compte, dans une certaine mesure, de quelques-unes des irrégularités de la dépense d'exploitation, mais les inconvénients que j'ai signalés subsisteront tant que l'on négligera les circonstances commerciales.

Sur quelques lignes, les retours de wagons vides permettent de faire des transports à bas prix : retirera-t-on aux négociants cet avantage, ou, pour le leur conserver, devra-t-on préparer une formule spéciale ? Mais il en faudrait une autre pour le cas où une partie du trafic serait assurée à la batellerie, car on ne saurait interdire à un chemin de fer d'accepter les conditions économiques dans lesquelles il doit opérer, et par suite de rendre des services.

Il est impossible d'établir des formules mathématiques pour toutes les causes qui font varier la valeur des transports; de sorte que, même en fixant un tarif modéré qui réduirait les recettes, on serait conduit à relever certains prix, et que, plus tard, on ne pourrait pas accorder des abaissements devenus nécessaires. Les plaintes fondées seraient probablement nombreuses, et elles viendraient surtout de la grande industrie, pour qui les tarifs spéciaux ont une importance considérable.

Les mécontentements actuels résultent essentiellement de ce qu'il n'y a pas, pour les tarifs, un principe reconnu. Quelques personnes présentent, comme étant au-dessus de toute discussion, les règles les plus contestables; certains publicistes condamnent des dispositions que d'autres trouvent équitables. On lit fréquemment des affirmations au moins hasardées sur les prix rémunérateurs dans l'industrie des transports. Cette confusion permet à chacun de croire qu'il est lésé, et peut amener la situation à une période aiguë. Les opérations ordinaires du commerce provoqueraient chaque jour de graves désordres, si les intéressés ne savaient pas que, sur les marchés, les prix se modifient suivant les variations de l'offre et de la demande. Pour les chemins de fer, je crois qu'on diminuera les réclamations, non point en adoptant des règles mathématiques, mais en portant la lumière sur le principe des tarifs et sur ses conséquences naturelles.

M. George, l'un des rapporteurs de la Commission d'enquête nommée par le Sénat, propose de conserver les tarifs spéciaux, et de faire l'unification pour les tarifs généraux. Ce système peut être appliqué de manières assez diverses.

Si l'on accorde aux Compagnies tous les tarifs spéciaux dont elles établiront l'utilité par des raisonnements plausibles, la réforme ne sera pas une grande satisfaction donnée aux partisans de l'unification.

Si, au contraire, l'homologation d'un tarif de ce genre rencontre de sérieuses difficultés, on se trouvera en présence d'une unification plus ou moins mitigée, et l'on éprouvera partiellement les inconvénients que j'ai signalés.

Je crois qu'on ne doit pas, sans de graves motifs, adopter une combinaison contraire aux règles universellement admises dans le commerce. Aucun cultivateur, mettant en vente, au détail, des produits dont les valeurs sont notablement différentes, n'a eu l'idée, pour simplifier la comptabilité, d'en demander un prix moyen et unique : les uns seraient immédiatement enlevés, mais avec perte pour lui, et il ne pourrait se défaire des autres ([1]).

L'unification des tarifs offrirait en France des inconvénients beaucoup plus graves que dans une contrée d'une petite étendue et dont toutes les parties se trouveraient soumises à des conditions économiques peu différentes.

Dans l'origine, la valeur des divers transports n'était pas connue, et il a été nécessaire de faire des essais pour apprécier les conséquences de la variation des prix. Une complication qui paraît excessive s'est ainsi introduite dans les tarifs. On doit désirer que les tableaux soient

([1]) La comparaison me parait juste. Une Compagnie qui perd certains transports, parce qu'elle en demande un prix aussi élevé que pour d'autres ayant plus de valeur, me semble agir comme un cultivateur qui laisserait pourrir ses produits les moins demandés, plutôt que de les vendre au cours du marché.

Il importe toutefois d'observer que la valeur d'un transport sur chemin de fer n'est pas déterminée avec précision parce qu'elle résulte d'un maximum, comme nous l'avons reconnu. Cette circonstance ne doit pas être négligée dans l'étude des questions.

simplifiés [1], mais il ne faut pas interdire aux Compagnies d'abaisser un prix sans faire porter la réduction sur une nombreuse catégorie de marchandises. Eu égard aux difficultés que présentent les relèvements, ce serait mettre des entraves à la diminution des taxes. Les circonstances de l'exploitation étant mieux comprises d'année en année, des simplifications utiles pourront être faites graduellement.

Unification du tarif de la poste. — Les modifications qui, à la suite d'une longue expérience, ont été apportées au tarif de la poste, chez tous les peuples, présentent un exemple intéressant à étudier.

Nous devons d'abord remarquer que la poste possède un monopole beaucoup plus étroit que les chemins de fer; la batellerie ni le roulage ne lui font aucune concurrence. Les administrations chargées de cet important service dans les différents pays sont liées entre elles par des traités, et chacune est placée sous les ordres d'un seul chef. Ainsi organisée, la poste échappe à la principale des causes qui modifient la valeur des transports suivant les directions parcourues.

Si le tarif tenait compte de la distance, il faudrait d'abord taxer d'après une échelle, puis modifier le prix à tous les changements de direction, qui sont nombreux, par suite des indications inexactes ou du déplacement momentané des destinataires. De là résulterait une complication regrettable pour des opérations qui doivent être faites très rapidement. Il serait d'ailleurs difficile d'em-

[1] *Voir* les Conclusions n° 2, p. 49.

ployer la méthode expéditive des timbres d'affranchissement, car elle exigerait l'emploi d'un barême. On a ainsi été conduit à rejeter l'élément auquel les partisans des formules tiennent le plus, la longueur du parcours (1).

Mais, au moins, pour les envois des différents genres, la taxe est-elle établie d'après ce *prix de revient* dont on parle si souvent? En aucune manière. Les journaux, les brochures, les imprimés de tout genre présentent un poids et un volume bien plus considérables que les lettres. Ils encombrent les bureaux, grossissent démesurément les valises, surchargent les facteurs dans la campagne et allongent leur itinéraire en les obligeant à aller régulièrement dans des maisons pour lesquelles ils n'ont pas des lettres tous les jours. Aux époques d'agitation électorale, le personnel ordinaire ne peut suffire en certains lieux pour distribuer les écrits politiques et les bulletins de vote. On accorde cependant une taxe réduite aux imprimés : c'est que, sous l'influence des bas prix, leur transport prend, comme nous venons de le dire, un développement considérable, et que le nombre des lettres est beaucoup moins influencé par le tarif, de sorte que le désir d'accroître les recettes et de rendre plus de services a conduit l'Administration à des mesures que le principe de la valeur justifie.

Dans les campagnes, la taxe des lettres paraît être au-

(1) On néglige également la distance dans la taxe des télégrammes pour un même pays, et dans les tarifs de diverses entreprises d'omnibus.

Faire payer de la Madeleine à l'Opéra aussi cher que si l'on allait jusqu'à la Bastille, et même plus loin par une voiture en correspondance, voilà une combinaison qui ne doit pas paraître correcte à quiconque admet le principe de la longueur. Il ne s'agit pas ici du commerce libre : les omnibus de Paris possèdent un privilège.

dessous de la valeur ; il n'en est pas de même dans les villes, mais la différence, qui est nécessairement faible, ne saurait présenter aucun inconvénient grave.

En résumé, le succès des simplifications apportées dans les taxes de la poste tient à des causes spéciales, et ne peut être un argument en faveur d'une unification qui serait établie pour les tarifs des chemins de fer, d'après des bases essentiellement différentes.

Réduction des prix au-dessous des valeurs de transport. Considérations générales sur les péages.

Dans tout ce qui précède, j'ai supposé que la Compagnie concessionnaire était entièrement maîtresse des tarifs, ou, ce qui revient au même, que les prix du tarif légal dépassaient les valeurs des transports. C'est ainsi que le problème a été généralement posé chez les divers peuples. On a entendu fonder une industrie susceptible de vivre par ses propres ressources, et même de donner, dans certains cas, des redevances au Trésor.

Si les pouvoirs publics imposent des prix réduits, l'utilité du chemin pour le pays sera augmentée, et les recettes deviendront moindres. La perte retombera sur l'État, qui devra accorder des compensations aux concessionnaires.

Je suis très éloigné de repousser cette combinaison d'une manière absolue. Dans la plupart des États, les routes libres de tout péage ont été construites et sont entretenues aux frais de la communauté. Les populations paient les transports moins cher qu'ils ne valent, mais supportent un excédent de contributions.

Ce système est généralement considéré comme justifié par l'expérience; toutefois, le problème qu'il soulève offre des difficultés. Pour le résoudre, il faut joindre à la notion de la *valeur* celle de l'*utilité*, dont je n'ai parlé que d'une manière sommaire ([1]). Je me bornerai à présenter quelques considérations.

Il est juste que ceux qui parcourent une route supportent les charges qu'elle entraîne; toutefois, lorsqu'on considère l'ensemble des chemins nécessaires à un pays, on reconnaît que tous les habitants ont intérêt à leur construction et à leur entretien, de sorte que l'équité n'est nullement blessée si l'on reporte les dépenses qui en résultent sur les impositions directes ordinaires.

Beaucoup de voitures peuvent passer en même temps sur une route, et par suite son utilité est d'une nature très différente de celle d'une denrée qui ne peut être consommée qu'une fois, ou d'un objet qui ne saurait avoir qu'un possesseur. Le développement de la circulation est déterminé, toutes choses égales d'ailleurs, par le tarif. L'utilité de la route est nulle lorsque la taxe est excessive, et atteint son maximum quand elle est supprimée, de telle sorte que si l'on demande aux contributions ordinaires la somme qui était prélevée par le péage, un surcroît d'utilité et, par suite, de richesse, sera obtenu à peu près sans dépense : il y aura augmentation sur les frais d'entretien, et réduction sur ceux de perception.

([1]) *Voir* la note D, p. 64.

Le maximum d'utilité ne correspond pas à la suppression du péage, dans le cas où la circulation est assez grande pour qu'on puisse craindre des encombrements dangereux.

Il résulte de ces diverses considérations, d'abord que, lorsqu'il y a de graves inconvénients à augmenter les impôts existants, on peut utilement établir des péages, pourvu que l'avantage offert à chaque voyageur par l'amélioration des chemins soit pour lui d'un prix plus élevé que la taxe ; ensuite, qu'il est bon de rendre la circulation libre, en reportant les dépenses des routes sur les ressources générales, quand la situation financière du pays rend ce changement possible.

Les péages ont permis à l'Angleterre de devancer les autres nations dans la création d'un réseau de bonnes routes. A l'aide de ceux qui ont été établis en France, nous avons vu élever des ponts qui n'auraient pu être construits qu'après de longues années ; mais, chez nos voisins, comme parmi nous, on trouve avantageux, dans l'état actuel de la fortune publique, de supprimer ces taxes. Beaucoup de péages existent encore en Angleterre, mais on en réduit le nombre chaque année.

Il ne paraît pas possible qu'on fasse jamais des transports gratuitement sur les chemins de fer ; la question concerne donc la quotité de la taxe, et non son existence même, qui, sur les routes, entraîne la création d'un service spécial pour la perception, et impose de grandes sujétions aux voyageurs. La suppression des péages et des barrières présente, en conséquence, certains avantages qu'on ne retrouve pas dans la réduction du tarif des chemins de fer. Une incontestable analogie existe néanmoins entre ces deux questions. Dans l'une comme dans l'autre, il s'agit d'abandonner un revenu pour augmenter l'utilité d'une voie de communication qui peut suffire à un trafic beaucoup plus considérable que celui qui s'est développé sous l'influence des taxes établies (1).

La plupart des gouvernements ont fait et font encore de grandes dépenses pour l'établissement des chemins de fer. Eu égard à la situation actuelle du budget dans les divers pays, on doit regarder qu'il est nécessaire de régler les prix d'après la valeur des transports, afin d'obtenir des recettes importantes. Lorsqu'un État aura vu ses ressources augmenter dans une certaine proportion, il sera naturellement conduit à réduire les tarifs, sacrifiant ainsi des revenus pour procurer au pays de plus grands avantages par le développement du commerce. Mais il me semble que de semblables mesures ne pourront être discutées tant qu'on maintiendra des impôts sur l'exploitation (2).

Il importe, du reste, de remarquer que l'abaissement de

(1) Des différences considérables existent entre une route sur laquelle chacun peut envoyer sa voiture, et un chemin de fer où le péage est réuni aux prix de transport; néanmoins, il existe, même sous le rapport économique, de grands rapports entre ces voies de communication. Ainsi, depuis longtemps on a reconnu que, dans l'intérêt public, il convient d'accorder un monopole au concessionnaire d'un pont, de manière qu'il soit assuré qu'aucune entreprise rivale ne sera autorisée, au moins pendant un certain temps, sur une longueur déterminée de la rivière.

(2) Serait-il utile à la France de réduire tout à la fois ces impôts et les dépenses pour la construction des nouveaux chemins de fer, de manière que l'équilibre du budget ne fût pas troublé?

Il me semble qu'en ce moment les données manquent pour résoudre avec quelque exactitude cette question, et en général toutes celles dans lesquelles intervient la notion de l'utilité.

quelques prix du tarif légal n'entraîne nullement comme conséquence la remise à l'autorité publique du soin de régler toutes les taxes.

En résumé, la réduction des prix au-dessous de la valeur des transports me paraît une idée juste pour certaines conditions de richesse, où la France ne se trouve pas actuellement. Cette réduction soulève des questions délicates qui devront être abordées successivement, à mesure que l'expérience donnera des renseignements plus précis. Dans tous les cas, l'étude de la valeur des transports et celle de l'utilité des chemins conserveront tout leur intérêt, car elles peuvent seules diriger sûrement pour une opération raisonnée.

CONCLUSIONS

1. Le tarif d'un chemin de fer doit être réglé d'après la valeur des transports déterminée par le jeu de l'offre et de la demande.

2. La valeur du transport d'une marchandise entre deux stations déterminées est le prix qui assure à l'exploitation la plus grande recette nette.

Dans les industries soumises à un monopole et dans celles où la fabrication n'est pas limitée, la valeur d'un produit correspond également au prix qui procure le plus grand bénéfice.

3. La valeur des transports dépend des conditions techniques dans lesquelles le chemin est établi, mais non

de la somme dépensée pour le mettre dans l'état où il se trouve ; elle s'abaisse quand les frais d'exploitation diminuent.

4. Dans la fixation des tarifs, les considérations sur les matières premières, les courants commerciaux, les situations géographiques, etc., ne doivent être regardées que comme des indications utiles pour attirer l'attention sur la valeur de certains transports.

5. Sur une même ligne, un transport plus long a généralement une valeur plus grande, mais diverses circonstances peuvent amener un résultat contraire.

En défendant aux Compagnies d'une manière absolue d'abaisser les prix quand la longueur du trajet augmente, on empêche des réductions de tarif qui seraient très favorables au commerce.

6. Tant que l'on maintiendra la clause des stations non dénommées, il sera convenable d'exclure les chemins de fer étrangers de toute participation aux transports entre deux points du territoire, hors du cas de nécessité.

Si nos Compagnies sont mises en possession de la faculté d'abaisser librement leurs prix, elles ne devront plus être protégées contre la concurrence des lignes étrangères.

7. La solution du problème des encombrements consiste dans la variation des prix, entraînant comme conséquence l'établissement de magasins dans toutes les localités où des affluences exceptionnelles de marchandises peuvent se produire.

Lorsque les tarifs sont fixes, la grande étendue des réseaux, en permettant de faire de promptes concentrations de matériel, diminue la gravité des encombrements. Les mesures propres à faciliter l'échange des wagons entre les Compagnies qui desservent des régions différentes peuvent aussi diminuer le mal.

8. Lorsqu'une Compagnie exploite dans de bonnes conditions, elle peut avec avantage réduire considérablement ses prix pour retenir un trafic qui lui échappe ou pour attirer un trafic qu'elle n'avait pas.

L'application des prix ainsi réduits au trafic ordinaire de la Compagnie assurerait sa ruine.

9. La valeur d'un transport ne dépend pas uniquement d'éléments mesurables, tels que la longueur du parcours et le prix du combustible; il paraît, par conséquent, impossible de trouver pour les tarifs une formule mathématique.

Les inconvénients d'une unification auraient d'autant plus de gravité que le pays serait plus étendu, et que ses diverses parties se trouveraient dans des conditions économiques plus variées.

Sans chercher une unification complète, on doit s'efforcer de simplifier les tarifs. La valeur d'un transport étant le prix qui assure la plus grande recette nette, lorsque le tarif est bien réglé, une légère modification dans les taxes est sans influence sur le revenu.

10. Il convient de ne pas repousser d'une manière absolue l'idée de réduire les prix au-dessous des valeurs de transport, pourvu que l'on accorde aux concessionnaires des avantages qui compensent leur perte; mais cette combinaison paraît actuellement peu applicable aux chemins de fer français.

Si l'État veut faire des sacrifices pour abaisser le prix des transports, il doit, avant toute autre mesure, diminuer les impôts qui grèvent l'exploitation.

Ces propositions ne résolvent pas toutes les difficultés, mais nous sommes en présence de problèmes nouveaux qui ne comportent peut-être maintenant aucune solution complète. Il n'est pas possible d'appliquer entièrement les règles actuelles de l'économie politique aux industries qui, entraînant des expropriations ou d'autres dérogations au droit commun, ne peuvent être exercées que par des administrations publiques ou des concessionnaires. Autrefois, ces industries avaient peu d'importance. Elles comprennent maintenant les voies ferrées de tout genre, les distributions d'eau dans les villes et les canaux d'arrosage, le télégraphe et les transmissions pneumatiques, l'éclairage par le gaz ou par l'électricité lorsqu'il n'est pas borné à un seul établissement, les formes de radoub et tout ce qui concerne l'outillage public des ports, etc.

Les entreprises qui ont pour base nécessaire le *privilège* touchent dès à présent à des intérêts très considérables, et comme elles résultent des découvertes scientifiques et du développement de la richesse, on doit penser qu'elles deviendront de plus en plus nombreuses et importantes. Quand le monopole s'impose en de certaines directions, il ne sert à rien de rappeler les condamnations qui ont été prononcées contre lui dans des conditions différentes ; les obstacles qu'on essaie de lui opposer n'ont d'influence que pour entraver le développement de l'industrie, et l'on aggrave les inconvénients en faisant de l'État le régulateur suprême des relations commerciales. Suivant les circonstances, divers tempéraments peuvent être utilement adoptés, comme mesures provisoires, mais nous devons consacrer une partie de nos efforts aux recherches qui peuvent préparer les solutions définitives. Il faut délimiter le domaine du monopole et étudier ses lois naturelles : c'est un champ encore peu exploré ouvert aux investigations. Des hommes considérables pensent, je le sais, que la science économique n'a plus de secrets. M. Louis Reybaud, après avoir signalé quelques illusions chez John Stuart Mill, continue en disant :

> Qu'en conclure, sinon que la tâche de l'Économie politique, maintenue dans ses limites, est aujourd'hui remplie, ou peu s'en faut, et qu'on ne saurait guère y ajouter que des controverses dépourvues d'intérêt ou des déviations regrettables? Comme corps de doctrine, les livres en crédit ont tout épuisé ; il ne reste plus qu'à en déduire les conséquences. Comme application, on a désormais de grands exemples...

Il me paraît difficile de prononcer des paroles plus décourageantes, mais aussi plus paradoxales. A toutes les époques et dans toutes les branches des connaissances humaines, on a vu se produire des illusions, des controverses dépourvues d'intérêt, des déviations regrettables, et les sciences, dont la tâche n'est jamais remplie, ont continué à se développer. Le fait qu'un homme éminent s'égare ne peut conduire à aucune conséquence certaine; mais, si l'on veut en tirer une conclusion, celle qui se présente le plus naturellement est que l'Économie politique n'a pas encore complètement assuré sa marche.

Pour ce qui concerne les chemins de fer, je crois que maintenant il convient de se borner à signaler les erreurs qui ne sont plus douteuses.

J'ai cherché à combattre l'opinion très répandue que, dans cette industrie, tout est artificiel; qu'au lieu de laisser habituellement les intérêts réagir les uns sur les autres par l'offre et la demande, il est nécessaire de réglementer sans cesse. Si l'on était certain que les Compagnies auront toujours une parfaite intelligence des questions, ma dernière conclusion serait de s'en rapporter entièrement à elles; mais leur puissance est trop grande pour qu'on doive se résigner à supporter tranquillement les conséquences de leurs fautes. Je crois donc qu'en France l'État doit conserver les pouvoirs qu'il possède, surveiller attentivement, mais prescrire peu.

Paris, 12 avril 1880.

FIN

TABLE DES MATIÈRES

PREMIÈRE PARTIE

QUATRIÈME PARTIE

Paris. — Imprimerie Gauthier-Villars, quai des Grands-Augustins, 55.

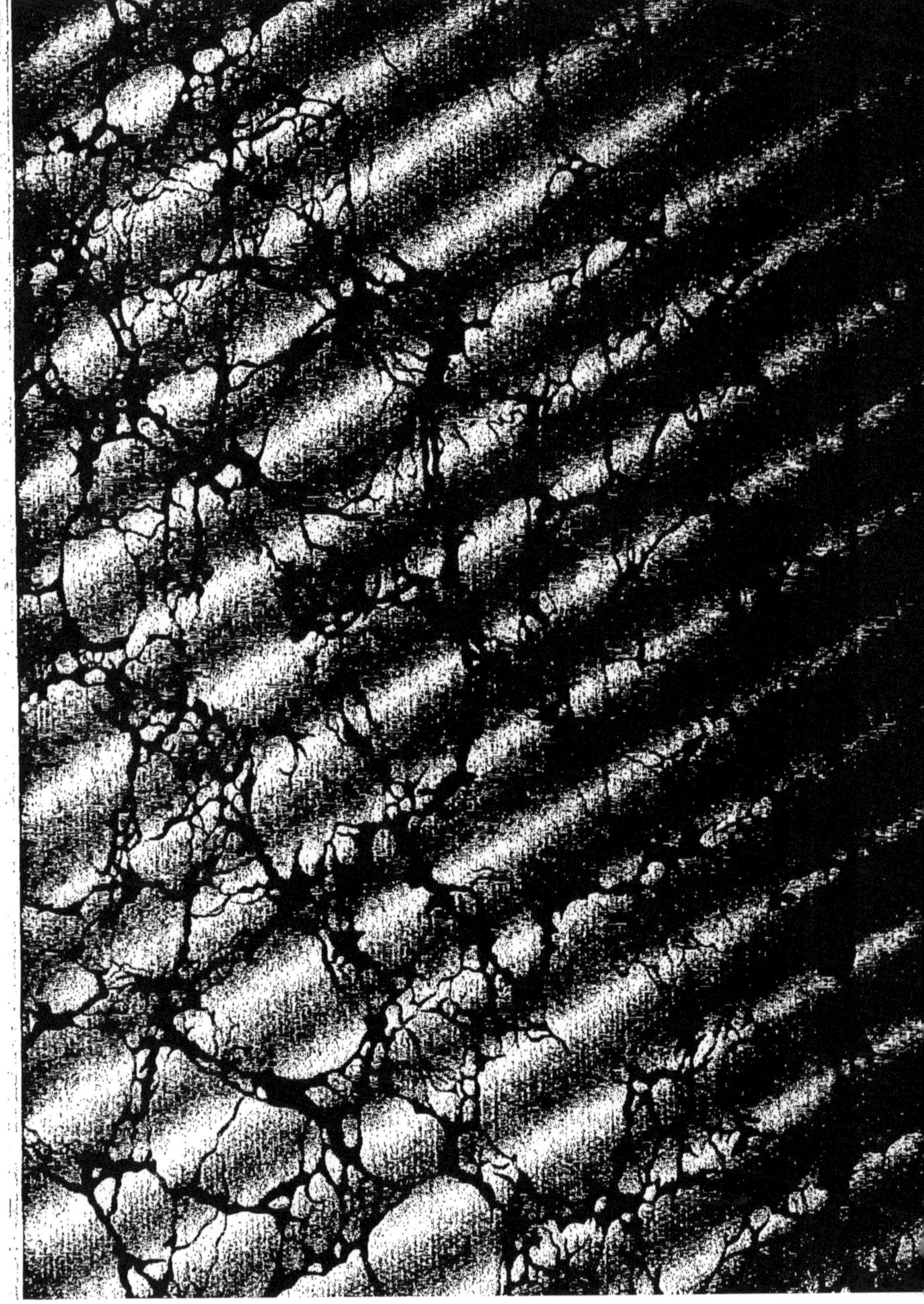

www.ingramcontent.com/pod-product-compliance
Ingram Content Group UK Ltd.
Pitfield, Milton Keynes, MK11 3LW, UK
UKHW020123200726
13856UKWH00002B/708

9 782011 786968